绿色发展与能源科技丛书

LNG管道与储罐工程设计

赵红岩 主编
刘 云 冯志强 副主编

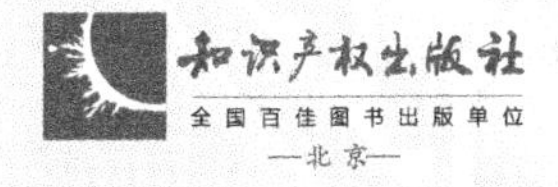

知识产权出版社
全国百佳图书出版单位
—北京—

图书在版编目（CIP）数据

LNG管道与储罐工程设计/赵红岩主编；刘云，冯志强副主编．—北京：知识产权出版社，2023.8

ISBN 978-7-5130-8833-6

Ⅰ.①L… Ⅱ.①赵… ②刘… ③冯… Ⅲ.①液化天然气－天然气管道－管线设计 ②液化天然气－储罐－设计Ⅳ.①TE97

中国国家版本馆CIP数据核字（2023）第134485号

内容简介

本书主要介绍了LNG管道与储罐设计的相关知识，对LNG管道与储罐在实际应用中经常出现的问题进行了分析，对近年来LNG产业发展现状作了简要梳理，对LNG接收站建设工程中的安全风险管理作了简要的介绍，并针对常见的风险提出了相关应对措施。

本书可作为油气储运工程、石油与天然气工程、海洋油气工程、过程装备与控制工程、机械工程等专业及相关工程技术人员的参考用书。

责任编辑：张雪梅　　**责任印制**：孙婷婷

封面设计：李一喜

LNG管道与储罐工程设计

LNG GUANDAO YU CHUGUAN GONGCHENG SHEJI

赵红岩　主编

刘　云　冯志强　副主编

出版发行：	知识产权出版社有限责任公司	**网　　址**：	http://www.ipph.cn http://www.laichushu.com
电　　话：	010-82004826		
社　　址：	北京市海淀区气象路50号院	**邮　　编**：	100081
责编电话：	010-82000860转8171	**责编邮箱**：	laichushu@cnipr.com
发行电话：	010-82000860转8101	**发行传真**：	010-82000893
印　　刷：	北京中献拓方科技发展有限公司	**经　　销**：	新华书店、各大网上书店及相关专业书店
开　　本：	720mm×1000mm　1/16	**印　　张**：	6
版　　次：	2023年8月第1版	**印　　次**：	2023年8月第1次印刷
字　　数：	110千字	**定　　价**：	48.00元

ISBN 978-7-5130-8833-6

前　　言

LNG（liquefied natural gas）即液化天然气，是将气田生产的天然气净化处理后，经超低温液化而获得常压下是液体的天然气。由于能源问题已成为世界各国经济发展中要面对的重要问题，可再生能源无法在短时间内取代化石能源，近十年来世界各国纷纷意识到天然气将成为长期能源构成中不可或缺的能源之一，LNG 的存储、使用、运营将成为世界各国发展的重点。

本书重点介绍了 LNG 运输管道与储罐的工程设计，并对 LNG 产业的发展现状作了简要的叙述。LNG 的运输管道部分包括管道工艺中易出现的问题、管道设计、风险分析与管控等，储罐部分包括储罐的设计、储罐的荷载响应分析、LNG 泄漏扩散分析及接收站建设工程安全风险管理。本书在编写时注重理论与实践的联系，重点突出管道与储罐的实际应用。

本书第 1～4 章由赵红岩编写，第 5～7 章由刘云编写，第 8 章由冯志强编写。

本书的编写工作得到了多位同事的帮助与指导，在此表示衷心的感谢。本书在编写过程中参考了大量文献，在此对相关文献的作者表示感谢。

由于编者水平有限，书中不足之处在所难免，热切希望读者批评指正。

目　　录

第1章　绪　　论

1.1　LNG产业现状

天然气是一种优质的能源，具有高效、低污染、低排放等优点，近年来全球天然气总供给能力与市场需求量不断增加。与此同时，由于液化天然气（liquefied natural gas，LNG）具有便于储存、安全及方便运输等特点，进一步推动了全球天然气贸易的发展。近几年，我国正在加快寻找新的清洁型能源，同时也在大力发展管道、液化天然气接收站和储气库等。

LNG的使用起源于美国，1917年第一项有关LNG处理方法和运输技术的专利由美国的戈弗雷卡波特获得，同年在弗吉尼亚地区建立了世界上第一个天然气工厂，美国也随之成为首先提出LNG的国家。

近年来全世界天然气消费增长量正在逐渐下降。相关数据显示，2017年全球天然气消费总量达到3.62万亿 m^3，2017—2023年平均每年增长2.2%。参考国际货币基金组织的相关报道，预测2023年全球天然气消费总量将达到4万亿 m^3，其中主要增量部分由中国、中东地区、美国、印度等石油储量大的国家和地区贡献，而欧洲、日本、俄罗斯则因为各种原因天然气消费增长量将有所下降（图1-1）。

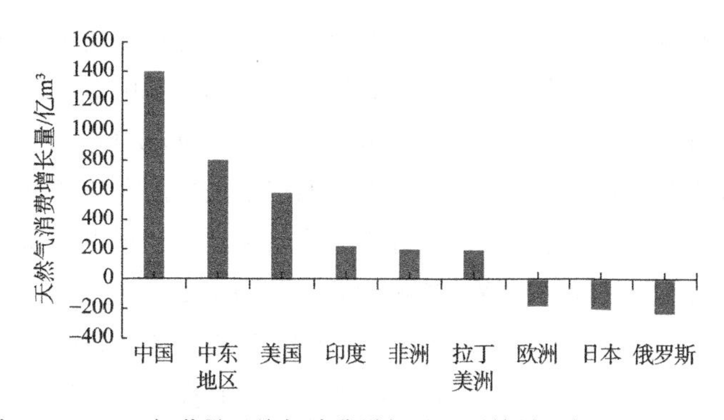

图1-1　2023年世界天然气消费增长量预测结果（相比于2017年）

与上一个统计区间（2011—2017 年）天然气消费总量相比，2017—2023 年天然气的主要应用领域也开始发生变化，这进一步导致天然气消费总量产生明显变化，工业应用大幅度提升，占据市场主导地位。至 2023 年，天然气在工业领域的消费增长量将占天然气消费增长总量的 40%以上（图 1-2）。

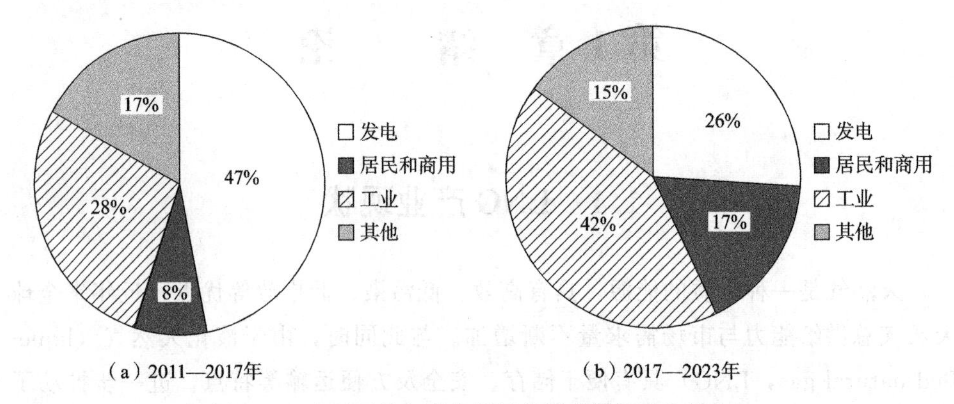

图 1-2　全球天然气在各领域的消费增长量比例分布

1.1.1　天然气消费需求与供应现状

考虑到可再生能源无法在短时间内取代化石能源，近十年来世界各国纷纷意识到天然气将成为长期能源构成中不可或缺的能源类型。欧盟一直在选用新型能源，这在某种程度上暗示应该以更积极的方式接受天然气的可用性。2017 年，挪威借助英国、法国、比利时和德国的 LNG 接收站向欧盟出口了 1174 亿 m^3 天然气。欧洲主要天然气公司、商业协会和一些官员正在游说政府部门将“推动天然气的选择被认为是减少温室气体排放的关键”列为他们最紧迫的任务之一。欧盟承诺将温室气体排放量减少 95%，以实现《巴黎协定》的目标，但即使未来能够做到选用可再生能源以降低污染物排放，天然气仍将在能源构成中占据不可动摇的位置。天然气可作为制氢的原料，制氢的具体过程中形成的二氧化碳能够有效地被捕获和储存，以减少污染物的排放。目前，挪威 Equinorformal 公司正在进行一系列研究和实验，目的是将荷兰某燃气发电厂的全套燃气机组改造成捕集能力强的氢动力汽轮发电机组。世界上有许多天然气公司也在积极进行天然气有关的研究，以便更好地开展清洁能源的开发与利用工作。

至 2018 年年底，我国已经成为全世界天然气进口量排名第一的国家。根据国家能源局发布的数据，至 2020 年，我国天然气消费总量超过 3000 亿 m^3，国内自产总量为 1925 亿 m^3，进口总量为 1405 亿 m^3。在进口总量中，液化天然气为 929 亿 m^3，占国内消费总量的 28%，占进口总量的 66%。与全球约占能源消费 25%的天然气消费量相比，我国 8.3%的天然气消费量还有极大增长空间。近十年来，我国出台了一系列鼓励使用和消费天然气的政策，政策力度还在不断加大。国内地质勘探也已发现规模较大的天然气田，具备了到 2035 年国内天然气年产量达到 2500 亿 m^3 的能力和条件。

受宏观经济、绿色环保专项政策落实力度加大、化石能源价格上涨、供给侧结构性改革推进等因素叠加影响，清洁能源替代进程不断得到推进。2017 年，我国 LNG 消费总量达到 2352 亿 m^3，与 2016 年相比增长达到 17%，远高于 2016 年同比增长 6.4%的增幅。2017 年，国内天然气总产量达 1476 亿 m^3，同比增长 9.8%，天然气进口量为 926 亿 m^3，增长达到 24.4%，其中管道气进口量达 427 亿 m^3，同比增长 10.9%。自 2006 年我国开始进口天然气以来，天然气进口量逐年提高，对国外天然气资源的依存度也逐年提高，2017 年达到消费总量的 39%（图 1-3）。国际能源署预测，到 2023 年我国天然气进口量将达到 1710 亿 m^3，其中大部分为 LNG 进口。

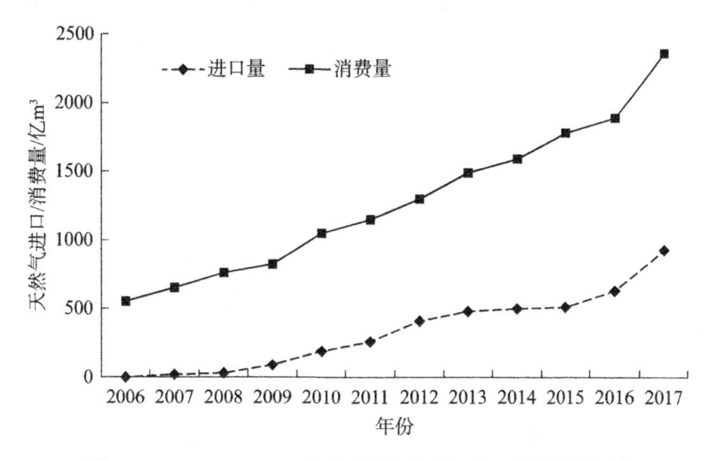

图 1-3　2006—2017 年我国的天然气进口量及消费量

据统计，受新型冠状病毒肺炎疫情影响，2020 年世界范围内能源消费总量下降 4.5%，传统可再生能源消费量下降尤其明显，而天然气下降幅度相对较小。2020 年，我国能源消费总量增长达到 2.4%，不同种类的能源消费呈现出不同程度的增长。其中，新能源消费增长明显，增幅达 15.4%；天然气消费增长了 6.1%；石油和煤炭消费量分别增长 2%和 0.6%。

从全球范围看，作为碳中和发展最重要的清洁能源，天然气的消费量将进一步提高。从 2035 年全球能源结构调整可以看出，煤化工产品和石油消费量均呈下降趋势，天然气占能源消费总量的比例将进一步提升，将从 2020 年的 8.3%提高到 2035 年的 15%，不可再生能源所占比例将从 2020 年的 16%下降到 2035 年的 2.7%。

从 2015—2020 年我国天然气消费结构看，2020 年城镇燃气和化工行业天然气消费量占比分别为 38%和 36%，同比增长 12%和 5%（图 1-4）。城镇天然气消费量的增长得益于城镇化发展及居住设施的完善。环保要求推进 LNG 重型卡车对柴油车的替代。2020 年全国可再生能源发电新增装机 780 万 kW，可投产总量为 9802 万 kW，但发电用气量同比下降 2%。另一方面，2020 年全国全年可再生能源发电量下降到 2618h，与 2019 年相比减少了 28h，与上年同期相比发电用气量大幅下降。

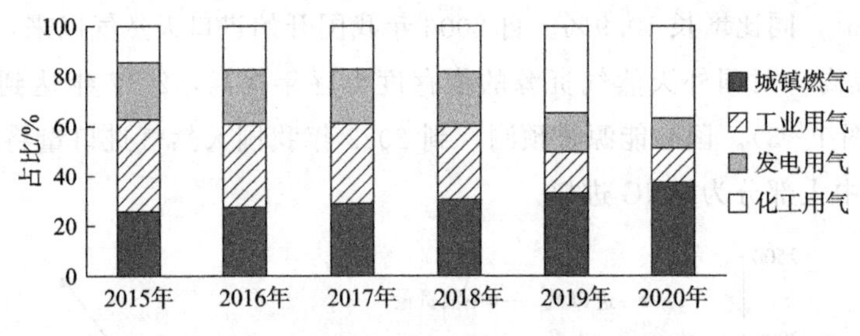

图 1-4　2015—2020 年我国天然气消费结构

美国地质调查局（USGS）、美国能源信息署（EIA）、国际能源署（IEA）等 20 多家国内外专业研究机构数据分析结果显示：全球可开采 LNG 资源量达 783 万亿～900 万亿 m^3，与煤化工资源量十分接近；可开采 235 年，天然气累计储量为 186 900 万亿 m^3，常规与非常规天然气资源量基本持平。随着油气田开发技术在碳酸盐岩油气勘探开发中得到普遍应用，美国的“页岩油气革命”将其推向了天然气产量世界领先的位置。

预计 2023 年全球天然气产量总增量将达到 3600 亿 m^3 左右，美国将贡献全球约 45%的新增天然气产能，75%的全球液化天然气出口增量也将来自美国。受具体政策影响，欧洲天然气平均新增产量可能出现负增长（图 1-5）。新能源研究所数据统计显示，我国页岩气储量高达 30 万亿 m^3，是我国已探明常规天然气储量的 8 倍左右，是美国已探明常规天然气储量的 2 倍左右。2006 年年初至 2016 年年底，我国页岩气平均年产量达 78.82 亿 m^3，仅次于美国和加拿大，居世界第三位。随着页岩油气勘探开发技术的应用，未来 5～10 年我国页岩气有望迎来大规模开采应用。

根据国家统计局公布的数据和海关总署数据库数据，2020 年我国天然气长期供应总量为 3330 亿 m^3，与上一年相比，增长达到 6.8%。长期供给平均增速先增大后减小（表 1-1）。国内天然气勘探开发势头强劲，2020 年国内天然气产量为 1925 亿 m^3（占供应总量的 57.8%），同比增长 9.8%。2020 年我国进口天然气 1405 亿 m^3，进口 LNG 929 亿 m^3，同比增长 11%，占供应总量的 27.9%。LNG 进口量将逐年提高，进口管道气同比增长量下降。

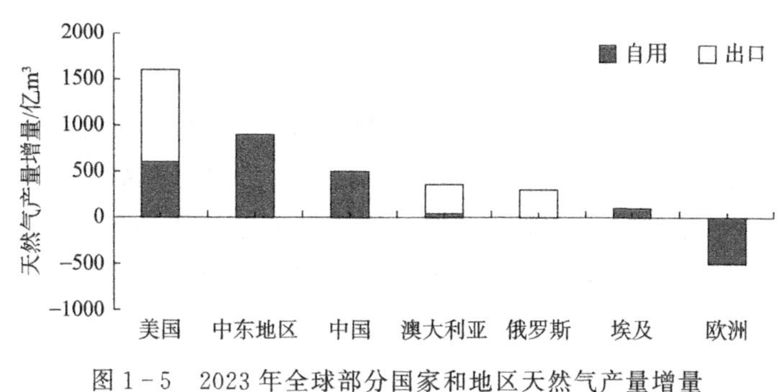

图 1－5　2023 年全球部分国家和地区天然气产量增量

表 1－1　2014—2020 年我国天然气供应量

年份	国内天然气产量/亿 m^3	进口 LNG 量/亿 m^3	进口管道气量/亿 m^3	同比增长率/%
2014	1234	273	303	8.3
2015	1271	270	314	4.2
2016	1368	368	368	14.4
2017	1780	529	420	16.8
2018	1602	735	505	18.0
2019	1754	837	501	7.9
2020	1925	929	476	6.8

1.1.2　LNG 运输技术与设施设备

当前世界天然气供需基本面发生深刻变化，资源长期供应相对充足，国际经贸形式多元化，但市场受地缘政治等因素影响较大。同时，随着我国油气管理体制改革的深入和国家石油天然气管网集团有限公司的建立，天然气行业进入新发展阶段。2020 年，在新型冠状病毒肺炎疫情暴发、汽油价格剧烈波动、天然气需求锐减等情况下，天然气消费量达到 3.24 万亿 m^3。LNG 接收站进口量 929 亿 m^3，比上年增长 11%，超过天然气供应总量的四分之一。2030 年碳达峰与 2060 年碳中和目标的提出和实现路径的确定将进一步推动天然气在能源发展中发挥作用。截至 2020 年年底，我国共有 22 座 LNG 接收站投入运行，它们不仅是天然气输送中重要的通道，也承担着保障长期供应安全的重任。2018 年国家发展和改革委员会、国家能源局印发《关于加快储气设施建设和完善储气调峰辅助服务市场机制的意见》（发改能源规〔2018〕637 号），明确了生产型企业和政府部门在储气调峰方面的职责，LNG 接收站建设迎来新高潮。

1. LNG 接收站的功能

全世界没有统一的 LNG 接收站的通用形式，LNG 行业向更大规模的配套和生活配套两个方向发展的过程中，在 LNG 储罐的基础上不断改进，逐渐形成了今天的大型 LNG 接收站。据欧洲天然气基础设施运营商协会（GIE）统计，被列为小型 LNG 接收站的船用燃料油不超过 5 亿 m^3/年（相当于约 36 万 t/年）。日本每年接收量不足 200 万 t 的 LNG 接收站数量众多，21 世纪初开发建设了一批实际容量不超过万吨的 LNG 储罐转运中心。我国新建储运能力 300 万 t 及以上的 LNG 接收站项目，须经国务院投资主管部门批准，并报国务院备案，其他项目则由地、市级政府部门审批。天然气供应与调峰主要由小型 LNG 接收站负责，小型 LNG 接收站主要提供 LNG 二程转运、船舶加注等服务。小型 LNG 接收站具备便利条件，其分销方式比较多元，可根据市场覆盖范围灵活选择“液来液走、液来气走”等方式，还可配套物流服务。

2. 国外 LNG 接收站

国际液化天然气进口国联盟组织（GIIGNL）发布的报告显示，2019 年全球有 32 座小型 LNG 接收站接收卸载量低于 200 万 t，其总接收卸载量达到 2320 万 t/年，占全球 LNG 船用燃料油总接卸量 9.2 亿 t/年的 2.5%。国外小型 LNG 接收站集中分布在日本和北欧国家。日本近 30 年来不断建设小型 LNG 接收站，单站储罐容量不断提高，以提升 LNG 储备潜力。芬兰、挪威和瑞典近 10 年才开始建设小型 LNG 接收站，每站储罐容量不超过 5 万 m^3。2019 年，韩国国家天然气公司（Kogas）在济州岛建设了一座接收能力达 40 万 t/年的 LNG 接收站，可作为其现有大型 LNG 接收站的二程中转站。

1972 年投产的 Senbokul 是日本首个 LNG 接收站。截至 2016 年年末，日本共建成并投运 34 个 LNG 接收站。2019 年日本已投运的 LNG 接收站的年接收能力达 2.11 亿 t，位居全球首位。根据国内复杂的地形，日本还在近畿、四国地区的岛屿及北海道南部沿海地区组织建设了适应性更强的二程 LNG 转运中心（表 1－2），建设罐容不超过 1 万 m^3，配套 1000～3000t 级 LNG 运输船，以满足区域市场 3 万～20 万 t/年的需求。总体上，日本小型 LNG 接收站功能与大型 LNG 接收站相似，但内海运输、转运功能主要由二程转运中心承担。

表 1-2 日本主要 LNG 二程转运中心

转运中心名称	运营商	储罐容积/m^3	投产年份
冈山煤气筑港转运中心	冈山燃气公司	7000	2003
四国煤气高松转运中心	四国燃气公司	10 000	2003
函馆港区转运中心	北海道燃气公司	7000	2006
四国煤气松山转运中心	四国燃气公司	10 000	2008
勇拂转运中心	日本石油勘探公司	7000	2011
钏路转运中心	JX 新日石油公司	10 000	2015
东部煤气秋田转运中心	东部燃气公司	10 000	2015

欧洲现有 LNG 接收站 51 座，年接收能力为 18 560 万 t（2541 亿 m^3），但欧洲 LNG 接收站分布极不均匀，现有接收站主要分布在西欧和南欧，东欧较少，德国目前无 LNG 接收站。据欧洲天然气基础设施运营商协会统计，意大利和芬兰一直在建设新的 LNG 接收站（表 1-3）。近年来，LNG 接收站运营商开始开发强大的 LNG 装载和加注功能。例如，新加坡裕廊 LNG 接收站开发了小型 LNG 供应与加注市场，并改造其二号泊位，新增 2000～10 000m^3 的小型 LNG 船舶接卸功能。2020 年年初以来，上述国外 LNG 接收站已具备强大的 LNG 瓶装天然气功能，这为小型 LNG 接收站和规模较大的小型 LNG 船的发展带来了发展机遇。

表 1-3 欧洲在建及规划的小型 LNG 接收站

国家	接收站	投产年份	接卸能力/（万 t/年）	储罐容积/万 m^3	最大接卸船舶接卸量/万 m^3
芬兰	哈米纳接收站	2022	50	3	2.50
	劳马接收站	2021	30	1	—
意大利	圣朱斯塔接收站	2021	30	0.9	0.75
	拉韦纳接收站	2021	50	2	2.75

LNG 接收站设计建造和设备选型是 LNG 建设项目的关键环节。目前，我国 LNG 建设项目核心技术及装备研发亟须打破国外垄断。我国综合国力和国际地位的提升为发展 LNG 提供了有利条件。面对技术垄断和关键工程技术瓶颈，石油公司、高等院校和科研机构等投入了大量精力促进科研成果转化。

3. 国内 LNG 接收站

早在 20 世纪 60 年代，国家科学技术委员会就制定了符合我国国情的液化天然气一体化发展纲要，为我国液化天然气的发展指明了方向，并在60年代完成了化学工业试验。90年代，中国科学院低温工程学重点实验室联合国内企业进一步发展LNG技术理论与实践，开启了我国LNG产业高速发展的模式。我国LNG化工产业不断探索，突破了一些关键核心技术，LNG技术快速发展。在此过程中不仅引进了大量设计、生产和施工技术，还发展了上下游产业，培养了一大批从事LNG技术研发的高级人才和团队。1999年，在法国索菲公司的帮助下，我国第一家LNG工厂在上海浦东建成。2001年11月，我国建成第一套商业化燃气液化装置。2004年9月，最大接卸能力为150万 m^3 的LNG工厂在新疆建成。近10年来，我国LNG技术取得空前的发展，逐步形成了具有中国特色的LNG产业，涉及液化、储存、货物运输到终端环节，以及配套的先进制造技术。

截至2021年，我国投产运行的LNG接收站接收能力达到8880万t/年，年均增长25%。2021年接收进口LNG为7893万t（约1089亿 m^3），占我国天然气消费量的31%。2010—2013年和2018—2020年两个时段我国LNG接收站接收能力增长较快，如图1-6所示。

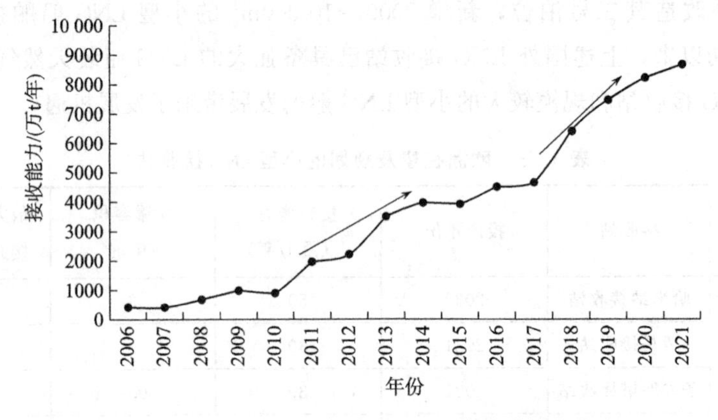

图1-6　2006—2021年我国LNG接收站接收能力

国外小型LNG接收站大多依托于海岛等复杂地形建设，定位于LNG船舶运输和加注市场。我国现有的5座小型LNG接收站大多背靠天然气消费腹地，地处漫长的外海岸线（表1-4）。我国规模较大的LNG接收站建设主要以国有天然气生产供应企业为主，小型LNG接收站以地方国有企业、民营企业为建设主体。以上海五号沟LNG接收站为例，该项目最早是上海石油天然气有限公司于1996年建设的燃气发电及应急物资储存站，配备2万 m^3 液化天然气罐。又如曾经代表民营企业进军LNG接收站行业的广汇能源股份有限公司，2014年其大力建设LNG配送中转站项目，在江苏启东建设了小型LNG接收站，随即将

LNG 储罐扩建至 42 万 m^3，接收卸载能力由最初的不足 100 万 t 扩大至 300 万 t。2020 年年底，广汇能源股份有限公司设计生产规模达 40 亿 m^3 的主出口管线顺利投产，连接西气东输主供气管网，已建成规模较大的 LNG 接收站。原来单一的液态配气转变为“气液并举”的长期供气模式，并成为长江三角洲一体化发展的供气新方式。在 LNG 接收站规模方面，除中国石油天然气集团有限公司海南澄迈 LNG 项目设计制造了 10 000～20 000m^3 的规模较大的 LNG 船外，其他小型 LNG 接收站一般借助海运方式运输 80 000m^3 的 LNG，其接卸能力明显高于北欧国家的小型 LNG 接收站。我国原有的小型 LNG 接收站向规模较大的 LNG 接收站逐步发展。

表 1－4　我国小型 LNG 接收站

接收站	接卸能力/（万 t/年）	储罐容积/万 m^3	投产年份
上海五号沟接收站	150	32	2008
广东东莞接收站	100	16	2013
海南澄迈接收站	60	4	2014
广西防城港接收站	60	6	2019
广东深圳接收站	80	8	2019
总计	450	66	—

LNG 接收站的生产工艺可分为两种：一种是蒸发气体（BOG）再冷凝工艺，另一种是 BOG 直接压缩工艺。两种生产工艺的区别主要体现在如何处理蒸发的气体。以 BOG 再冷凝处理技术为例，LNG 接收站的生产工艺流程如图 1－7 所示。LNG 接收站是一个巨大、复杂的流程系统，其中涉及许多个子流程、子系统。

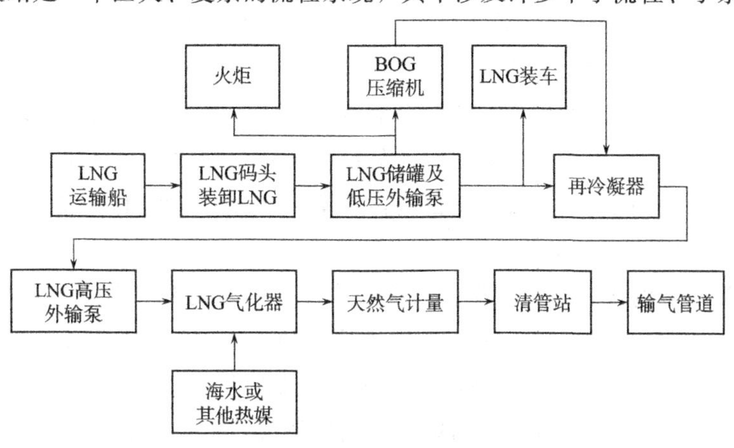

图 1－7　典型的 LNG 接收站生产工艺流程

目前，我国正在积极推动实现2030年前实现二氧化碳排放达到峰值、2060年前实现碳中和的战略目标，LNG需求大幅提升。在交通和能源主管部门相关政策推动下，我国已开始推进设计新建一批小型LNG接收站。目前，参与小型LNG接收站建设和管网运营的生产型企业不再仅限于位于河流上游的天然气供应商，已扩展到地方国家投资平台、城市燃气运营商和能源化工贸易企业。此外，拟建项目还在探索新的建设和运营管理模式，如依托石油产品在化工原料码头周围改建或新建LNG接收站，设置多个LNG公共泊位，为项目设计制造LNG罐式集装箱堆场，船舶选用公共停靠泊位等。

4. 小型LNG接收站的优势

(1) 建设门槛低，运营模式多样

在站址选择方面，小型LNG接收站要求相对较低，可依托成熟的货运码头，既能够避免建设规模较大的人工岛，降低项目建设成本，又能够为项目供货。此外，因规模较大的LNG船结合中型LNG接收站运力有限，对海上航线要求较低，无须占用沿海浅水资源，能够发挥内河航道的潜力，内河航道沿线地区逐渐形成液化天然气交易枢纽。

(2) 投资总额少，见效快

小型LNG接收站占地面积小，不需要占用较多建设用地，LNG储罐容量小，辅助设施自动化、智能化，码头周围或远期住宅设施的全方位改造成本低，可减少项目总投资。以嘉兴、镇江、苏州新规划的小型LNG接收站为例，资料显示，其项目总投资分别为21亿元、26.4亿元和24.8亿元。从项目建设周期来看，中型LNG接收站建设周期一般为2～3年，规模较大的LNG接收站建设周期一般为5～7年。随着技术的发展，项目建设周期将进一步缩短。

(3) 资源渠道丰富，分销压力小

小型LNG接收站的供气一般来自沿海液化工厂或近海海域装载功能强大的大型LNG接收站，或者来自规模较大的液化天然气接收站，企业拥有多种采购和销售渠道。小型LNG接收站项目周转规模有限，较易达到高周转率。

(4) 可扩展性好，业务延伸潜力大

从上海五号沟接收站和江苏启东接收站发展的实践看，小型LNG接收站可进一步提高LNG储罐存储能力，发展为更大的LNG接收站。国内新建的河道LNG接收站大多提前规划了LNG接收站的接卸能力，规划了二期、三期的建设项目。小型LNG接收站的定位则更多地面向终端，不局限于上游天然气供应企业的管理，更适合发展LNG加注产业。

5. LNG 接收站主要设备和用材

（1）BOG 压缩机

目前，国内 LNG 接收站运行温度较低的 BOG 空调压缩机大部分是从国外进口的，为加速 BOG 空调压缩机国产化进程，2014 年中国石油化工集团有限公司（以下简称中石化）洛阳建工电子科技有限公司开展了“卧式对置平衡式 BOG 压缩机国产化研制”项目。国产工艺样机于 2015 年年初完成研制，并进行了低温下的混合气试验和性能试验。

（2）LNG 罐内泵及高压泵

目前，国内 LNG 储罐泵和高压电输泵还处于研发初期的技术准备和科研攻关阶段。2019 年，中石化首次召集中石化洛阳建工电子科技有限公司、中国石化工程建设有限公司及低温泵生产企业的专业技术人员开展了规模较大的 LNG 低温泵研发。

（3）气化器

LNG 接收站常用的气化器多为开架式气化器（ORV）、中间介质气化器（IFV）和浸没燃烧式气化器（SCV），是 LNG 接收站的关键部件。气化器技术长期被欧洲和日本的几家公司垄断，国内主要依赖进口。进口 ORV 供应商主要有日本神钢建机株式会社和日本住友集团。国内有江苏中圣高科技产业有限公司、四川空分设备（集团）有限责任公司、甘肃蓝科石化高新装备股份有限公司、中国船舶重工集团公司第 725 研究所等生产 ORV。近年来，国内一些制造企业开始研发 IFV。航天科工哈尔滨风华有限公司和江苏中圣集团几乎同时攻克了 IFV 技术，并且工程样机主要性能指标达到国际先进水平。航天科工哈尔滨风华有限公司制造的 IFV 在中国海洋石油集团有限公司（以下简称中海油）宁波 LNG 接收站得到应用，并于 2016 年年初完成满负荷运行试验，相关指标满足设计、生产的具体要求。江苏中圣集团为中石化天津 LNG 接收站制造的 4 台 IFV 于 2018 年 3 月正式投产，目前选型情况良好。江苏中圣集团制造的 SCV 也已应用于中石化天津和山东 LNG 项目。

（4）LNG 卸料臂

卸料臂是 LNG 接收站最重要的设备之一，目前国内 LNG 接收站码头使用的卸料臂均是从国外进口的，品牌涵盖 FMC、SVT 和 NIGATA，它们通常价格高昂且维护费用高。在设备国产化方面，江苏长隆石化装备有限公司（以下简称长隆石化）制造了卸料臂的关键部件旋转接头、紧急脱离和液压快速接头，2018 年年初样机制作完成，液压系统的弹性联轴器、紧急快速释放装置、三通均通过了第三方检测公司的认证。此外，长隆石化已经掌握 LNG 接收站 SVT 卸料臂旋转接头泄漏维修的技术，其生产的橡胶密封圈已用于青岛接收站、大连接收站、唐山接收站、九丰接收站。2019 年长隆石化与中海石油气电集团有限责任公司就漳州 LNG 项目共同开展了 LNG 卸料臂的国产化研发。

(5) 9%Ni 钢

我国已建设大型 LNG 储罐 20 余台，其中 10 余台采用国产 9%Ni 钢建造，用钢超过 2 万 t。三大石油化工企业 [中石化、中海油、中国石油天然气集团有限公司（以下简称中石油）]基本实现了 LNG 储罐国产化。

(6) 泡沫玻璃砖

现在 LNG 储罐可用的泡沫玻璃砖材料供应商极少，美国匹兹堡康宁公司基本上形成了对泡沫玻璃砖材料的垄断。

(7) 低温钢筋

国内能够自主生产低温钢筋的厂家不多，包括太原钢铁（集团）有限公司、马鞍山钢铁股份有限公司及南京钢铁联合有限公司，但能够满足国内需求，所以低温钢筋无需进口。

(8) 低温安全阀

国内 LNG 项目选用的安全阀主要是美国石油学会（American Petroleum Institute，API）通用标准减压阀。国内一些安全阀制造商已在积极测试、改进产品并申请认证，目前国内已经能够生产具有美国机械工程师协会（American Society of Mechanical Engineers，ASME）资质证书的安全阀，极端温度管道阀门的设计制造和稳定性研究也在稳步有序推进。我国安全阀制造企业在 LNG 项目工艺国产化方面也取得了一些成绩，如鄂尔多斯市星星能源电子科技有限公司 20 万 t LNG 储运项目、达州汇鑫能源电子科技有限公司 20 万 t LNG 储运项目、乌海华旗千里山 LNG 项目、靖边兴源日接收 $150\times10^4 N\cdot m^3$ LNG 项目等。国产低温安全阀虽然还没有大规模地应用于 LNG 接收站，但其质量、性能和安全防护措施等与进口产品几乎相差无几。

(9) 低温自控阀门

目前投入运营的中石油、中海油及中石化 LNG 接收站中，自控阀门均采用进口产品，无国产阀门产品应用。虽然目前低温阀门进行了一些国产化的开发和研究工作，但由于国产化要对应一套完整、严格的阀门设计和应用考核程序，阀门的设计、制造程序复杂，技术难点多，仍需要进一步攻关。

1.2　LNG 管道发展现状

我国 LNG 产业不断发展，逐渐建立起了一套完整的体系。

1.2.1　运输方式

LNG 运输是 LNG 产业体系中的物流环节。LNG 货运可分为陆运、海运和管道系统运输，陆运又分为铁路运输和公路运输两种货运类型。LNG 公路运输在我国已有 20 多年的应用历史，设计、生产和制造技术也非常成熟。我国 LNG 公路运输一般采用 LNG 接收站槽车（简称 LNG 槽车，如图 1-8 所示），槽车有 $30m^3$、$40m^3$、$45m^3$、$52.6m^3$ 等各种常用尺寸。出于绝对安全考虑，LNG 槽车逐渐形成标准化、多样化产品，只能在通用标准中明确规定（容量限制）。目前，我国 LNG 槽车最大有效容积为 $52.6m^3$，国外可设计生产最大有效容积为 $90m^3$ 的 LNG 槽车。

LNG 槽车运输适用于直线距离短、量不大的 LNG 运输。相关研究表明，直线距离 1000km 以内宜采用槽车运输 LNG。在选用槽车运输时，影响运输成本的一个重要因素是槽车的几何容积。槽车在移动结构平台上运输低温、易燃易爆液体或气体，要确保物料搬运、货物装卸、保温保冷、高速行驶等安全可靠。目前，LNG 槽车主要通过增压和装卸泵进行装卸处理。增压处理是以装卸点的空温式气化器或水浴式加热器对槽车进行增压，借助槽车内外的阻力差装卸 LNG。这种方式简单易行，但应尽量缩短装卸时间。也可借助离心式装卸泵将 LNG 增压后实现槽车装卸。这种装卸方式车辆流量大，装卸时间很短。为了保证槽车运输安全和高效，对于低温运输要进行保冷处理。鉴于 LNG 运输存在危险，国家对 LNG 槽车运输时的行驶速度作出了明确规定：一级公路最高时速不超过 60km/h，二、三级公路时速为 30～50km/h（见《低温液体贮运设备　使用安全规则》JB/T 6898—2015）。

图 1-8　LNG 槽车

2013 年 6 月，国家铁路集团有限公司批准了 LNG 铁路运输试验方案，我国 LNG 铁路运输进入初步试验阶段。同年 8 月中旬至 9 月底，在青藏线格拉段经过三次上线试运和大量试运数据的取证，证明了LNG罐式集装箱铁路运输的安全性和稳定性，并将LNG铁路罐车列入科技开发计划。依据计划，西安轨道交通装备有限责任公司将进行该项目的研发和小批量生产。2004年我国第一条LNG铁路运输专用线在新疆建成，有效解决了LNG进疆直线距离长的问题。早期，只有美国、日本等少数国家掌握了LNG铁路罐车技术，这一技术在我国还是空白。2015年4月6日，我国LNG铁路运输系统初步设计方案获批，第一辆LNG铁路罐车开始加工生产。

图1-9　LNG罐式集装箱
（中集安瑞科控股有限公司制造）

我国LNG铁路运输容器正在向LNG罐式集装箱发展，如图1-9所示。密闭容器的结构与LNG槽车基本相同。与LNG槽车的基本结构相比，LNG罐式集装箱的优点是机动性更好，因采用非固定连接方式，外形尺寸更适合铁路系统。与LNG公路运输相比，LNG铁路运输具有运输量大、移动速度快、工作效率高、受极端天气因素影响相对较小、保障性好等许多优点，所以比公路运输效益更好、安全性更高。

近年来，得益于LNG技术的发展，LNG在全球天然气进出口贸易中的发展异常强劲。经过40多年的发展，LNG进出口贸易逐步形成了比较系统、完备的贸易和运输模式。国际LNG进出口贸易主要使用海路运输。LNG运输船制造技术是船舶行业公认的技术含量高、设计制造难度大的设计制造技术，多年来，只有美国、日本、韩国和欧洲几个国家能够制造，其设计和制造技术被垄断。在广东LNG项目中，为实现“国货国运，国船国造”的目标，首次引进国内造船企业参与竞标，从此开启了我国LNG造船业和LNG船运运输发展的新模式。进入21世纪后，我国LNG航运、近海和内河运输船舶技术取得突破。2008年，由沪东中华造船（集团）有限公司承建的我国第一艘LNG运输船“大鹏昊”开港，世界顶级船舶建造历史上又一次铭刻下中国制造“零”的突破。随着设计和建造技术、经验的积累，中小型LNG运输船已成为LNG运输产业的新热点。2015年5月，江南造船（集团）有限责任公司为中海油建造的首艘3万m^3国产LNG运输船“海洋石油301”宣布交付。由张家港中集圣达因低温装备有限公司为浙江华祥海运有限公司制造的国内首艘7000m^3“智造”C型船用运输罐顺利完工，将进一步满足我国近海和内河航道LNG运输需求（图1-10）。参照《国际散装运输液化气体船舶构造和设备规则》（IGC 规则）要求，从船运运输液货舱与船体的关系看，LNG 运输船分为整体液货舱、薄膜液货舱、半薄膜液货舱、独立液货舱和内部绝热液货舱五种类型。

图 1-10 7000m³ C 型船用运输罐

LNG 接收站具有低温、货品易燃易爆、运输量大等特点，所以 LNG 海上运输具有区别于其他运输的独特特点。首先，由于气罐船要选用相对低温的聚氨酯绝热材料，建造成本高，所以 LNG 运输船投资风险比其他类型的船舶大；其次，由于世界液化天然气运输大多为定向造船，运输、航线和港口相对固定，所以具有运输稳定和竞争有序的特点。

1.2.2 管道运输

陆地上 LNG 管道运输受到低温输送技术、可靠性和稳定性、供气源等因素的制约，全球约 75%的天然气采用常温管道运输。我国还没有 LNG 长距离液化天然气的应用。文莱有一套位于海底深处的 LNG 管道系统，有效直达距离为 32km。日本已经在着手建造一条从新岛到仙台的 LNG 运输管道，管道直径为 24in（约合 60.96cm），全线长约 358km，建成后将成为世界上最长的 LNG 运输管线。虽然在低温条件下所需的材料和设备得到普遍应用，且 LNG 进出口贸易量逐年提高，但 LNG 远距离运输并没有取得太大的进展。相关研究表明，建设 LNG 长输管线在技术上是可行的，在经济上也相对合理。一般来说，LNG 输送管道可分为非绝热管、普通堆积型绝热管和高真空绝热管三种类型。

在常温状态下管道输送天然气的过程中，需要在沿线设置多个天然气增压站，增压站的投资明显高于 LNG 加压泵站。为确保 LNG 长途运输的绝对安全，管道系统和设备必须使用价格高昂的镍钢和保冷效果好的绝热材料，用于补偿管道在长距离输送过程中的遇冷收缩和蒸发液化气的再次液化。此外，为达到 LNG 与蒸发气体中水蒸气的双向流动，还需在管路系统中建设后置快速冷却站。设备安装工程的设计和制作相当复杂，对施工质量的要求也很高，因此 LNG 长输管道系统的初期投资非常大。

1.3 LNG储罐发展现状

LNG具有低温、易挥发、易燃易爆等特性，因此LNG储罐在储存过程中起着不可或缺的作用。在设计、制造LNG储罐时，其安全性、稳定性和耐久性一直是国内外学者研究的重点。

1.3.1 LNG储罐分类和存在的主要问题

LNG储罐的分类方法有很多，按构建情况可分为地上型和地下型，按储罐形状可分为球形和圆柱形，按储罐的材料可分为双金属型、预应力混凝土型和薄膜型，按容量可分为小型（5～50m³）、中型（50～100m³）、大型（100～40 000m³）和特大型（40 000～200 000m³），其中大型和特大型LNG储罐是目前LNG储存发展的方向，按绝热结构可分为真空粉末绝热型、正压堆积绝热型和高真空多层绝热型，按储罐的基本结构可分为单容式、双容式和全容式，如图1-11（a～c）所示。

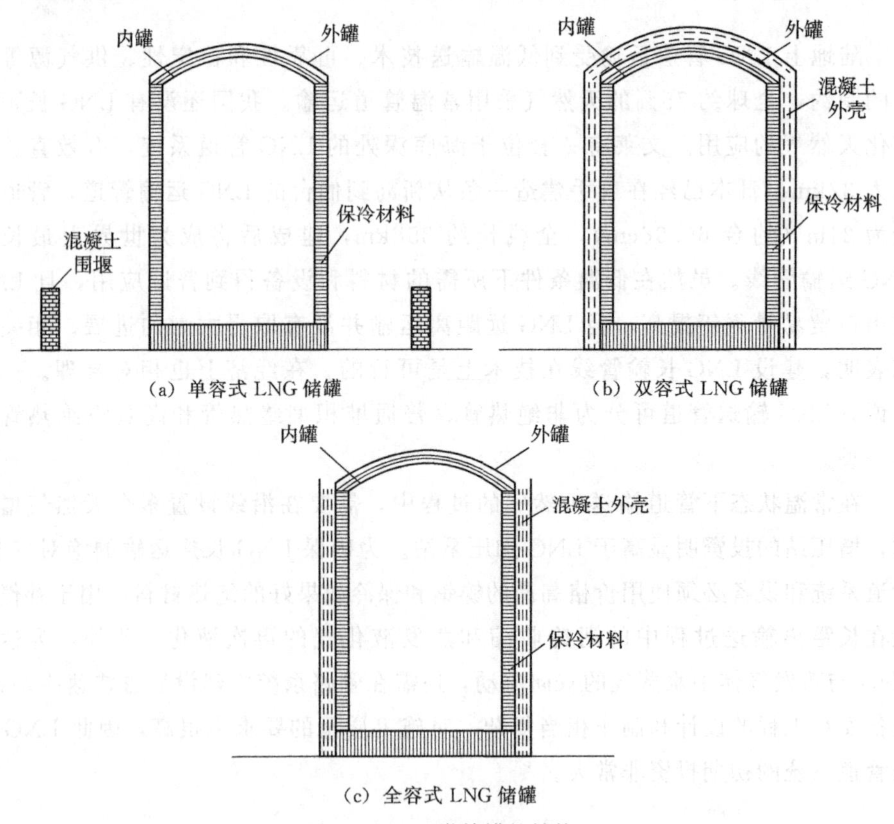

图1-11　三类储罐的结构

LNG储罐是LNG工程的重要组成部分，在其发展和应用过程中需要解决以下主要问题。

（1）储罐材料

在储存LNG时需要以低温液体为介质进行保温，储罐的壳体部分需要承受低温，所以壳体材料在低温下也要保持良好的性能。LNG储罐内筒一般采用含镍9%的合金钢，也可采用不锈钢薄膜或预应力混凝土，外壁为碳钢或预应力混凝土。壁顶支撑平台采用铝合金，罐顶采用碳钢或混凝土。

（2）储罐配置

LNG储罐是城市LNG气化站的核心，其投资巨大，对经济性影响也很大，所以拟定合理的配置方案对于LNG气化站具有重要意义。在储罐设计中，多数罐体的形式和数量可参照经验确定。对于现有的LNG终端及气化站，为了保证效益，在设计中需通过分析计算制订最优的储罐配置方案。

（3）储罐内部液体翻滚与泄漏

1）液体翻滚。LNG储罐不可能与外界环境完全隔离，因此在LNG储罐中难免会混杂多种介质，经过长时间的服役，储罐内部介质会不断气化而导致分层现象。随着储罐内部与外部不断进行热交换，储罐内的气体会不断膨胀，内部压力不断攀升，最终导致沸腾液蒸气膨胀爆炸即液体翻滚，对LNG储运安全构成严重威胁。针对LNG罐内液体翻滚问题，一般采用以下解决方案：

① 不同属性的LNG分开储存。

② 通过调节储罐的进料部位及喷射、搅拌方式等使不同密度的LNG充分混合，不产生分层。

③ 采用优良的保温材料，防止LNG在储存过程中与外界产生热量的交换。

2）液体泄漏。LNG的泄漏形式有很多，其中最主要的是连续泄漏和瞬时泄漏，连续泄漏占主导。如果发生LNG泄漏，会造成难以估量的危害，所以在实际工程中必须按照相关规定和标准设置充足的消防设备，以保证泄漏后的危险扑救。根据泄漏发展、扩散的规律合理分析计算，有效地指导泄漏后的逃离与补救，对保障LNG储存安全具有十分重要的意义。研究发现，泄漏口越靠近地面、直径越大，危险性越大。

1.3.2 LNG储罐研究现状

1. LNG储罐热研究现状

LNG是在常温常压下凝结至－162℃的液体，在储存LNG的过程中内罐可能会发生泄漏。在一定条件下，LNG会进入外罐，此时混凝土外罐内外将形成巨大的温差，致使外罐环境温度场重新分布，热应力增大。因此，LNG储罐热研究主要集中在LNG储罐的正常运行和泄漏情况。

陈威威模拟了大型LNG储罐内罐的温度场分布，对内罐的罐底、罐壁、罐顶进行模拟分析，采用参数分析法得到了储罐的温度场，发现主要的热量漏失位置是罐顶，罐底和罐壁的影响相对较小。

苏娟等采用热固耦合分析研究了LNG储罐在内罐存在泄漏情况下的温度场分布，并针对低、中、高三种泄漏情况分析了罐内的应力变化，发现LNG储罐的薄弱部位在有较大弯矩和剪力的连接处，采取相应的保冷措施对于LNG储罐而言相当重要。

谢剑等研究了在泄漏情况下外罐的温度变化，发现随着罐壁两侧温度差的增大，罐壁的内力和变形也将不断增大。

魏新分析了LNG储罐在三种不同工况下的温度场和应力场，发现外罐罐壁温度场受泄漏影响很大，通过热-结构耦合分析得到罐壁内外侧温度变化不一致，罐壁外侧相较于罐壁内侧温度变化大。

张宁等建立了全容式LNG储罐的泄漏传热过程模型，分析了LNG外罐罐壁高度和厚度对温度的影响，得出外罐罐壁的温度场分布情况和其传热特性均会受到外罐罐壁高度和厚度的影响的结论。

夏明研究了小容积全容式双金属壁LNG储罐，分析了不同工况下罐壁结构对温度场分布的影响。

达曼妮（Dahmani）等研究了LNG储罐温度场分布和热应变，指出温度应力会导致外罐收缩及变形，导致裂缝泄漏，危害LNG储罐。

谢斯塔科夫（Shestakov）等研究了不同热流强度的对流，指出LNG储罐液体边界会受到换热速率的影响。

扎卡里亚（Zakaria）分析了不同环境温度下LNG储罐侧翻的情况，认为罐壁的传热量高于通过罐基向罐传导的热量。

2. LNG储罐地震响应研究现状

当发生地震时，LNG储罐在内部液体的作用下会产生变形或位移，储罐的变形或移动又会反过来影响内部LNG的运动。因此，当进行地震模拟分析时一般需要考虑流固耦合。国外对于储罐流固耦合振动的研究起步较早，然而早期的储罐模型基本上都忽略了罐壁的弹性，因此这样的模型被称为质量-弹簧系统模型。

豪斯纳（Housner）分析了水平速度对罐壁的冲击情况，将液体振动响应分为两部分进行分析，定义了刚性冲击质量及对流质量。其在分析过程中将储罐视为刚体。

贝莱索斯（Veletsos）等进一步考虑了罐壁为柔性体的情况，并对液体与壳体耦合系统的自振频率进行了计算。

哈龙（Haroun）对 Housner 模型进行改进，得到了 Haroun-Housner 模型。该模型进一步考虑了储罐的对流分量，而且在考虑脉冲分量时将其分为刚性和柔性两部分，这对储罐模型的可靠性分析来讲是一个质的飞跃。

基姆（Kyum）等应用有限元软件分析了地震作用下储罐的动力学行为，讨论了不同模态下储罐的晃动高度。

另有学者针对 LNG 储罐的晃动问题进一步分析了多体系中存在的问题及相关力学行为。

国内在 LNG 储罐地震响应的研究方面起步比国外稍晚，且研究方法主要集中在时程分析法和谱分析法。

严辰等利用有限元软件中的直接耦合法分析了四种不同工况下的 LNG 储罐外罐材料振动响应情况，并且考虑了液体和罐体的相互作用，探究了内部液体对 LNG 储罐罐体振动特性的影响。

周利剑等进一步考虑了在不同方向地震作用下内罐对外罐地震响应的影响，发现 LNG 内罐能够在一定程度上减小地震的影响。

管友海等通过对比发现配筋间距和配筋方式会对混凝土外罐的振动频率产生影响。

在对 LNG 储罐的地震响应进行分析时，时程分析法能较好地反映储罐相关振动特性随时间变化的规律，但时程分析法需要大量使用混凝土本构关系、损伤模型等相关理论，且在分析时储罐往往不是独立的体系，还需要考虑基础的影响，大大增加了储罐单元的数量，数据处理非常繁杂，这对 LNG 储罐的建模和分析来说是一个巨大的挑战。

第2章 LNG管道工艺中易出现的问题

2.1 管道检验

管道的检验及储存需要按照相应的规范及要求执行，若不按照要求，会给后续的工作开展带来不可预知的危险，包括以下几种。

（1）管段未及时封堵，有杂物进入

《工业金属管道工程施工规范》GB 50235－2010第7.2.4条规定：预制完毕的管段，应将内部清理干净，并及时封闭管口。当管道预制后，若管口没有设置临时盲板封堵，可能导致杂物进入管内，设备阀门不易清理，缩短其使用寿命，给试压或投产试运行带来严重的安全隐患。造成这种情况可能的原因有：施工技术交底不明确，施工人员对盲板封堵的认识不足；现场质检员质量意识淡薄；施工现场未配备管口封堵用临时盲板。

（2）进场管材质量不符合规范要求

进场包装完好的管材表面可能存在麻坑、污垢、锈迹、划痕或打磨现象，且划痕深度超过规范要求的壁厚负偏差值等。这些缺陷应完全消除，清除深度不得超过公称壁厚的负偏差值，清理处实际壁厚不得小于允许的壁厚最小值。管材缺陷不但会对管材本身的耐腐性能造成影响，影响管材的使用寿命，且在划痕处易产生韧性断裂失效。造成这种情况可能的原因：未按规范要求对钢管进行保护；吊装过程中存在划伤、碰伤现象；管材堆放时未进行有效控制，致使表面受到污染；出厂前自检不到位。

（3）阀体存在砂眼和气孔等缺陷

管道中的阀体因为检验不合格或者不规范会导致存在砂眼和气孔等一系列缺陷，阀体缺陷会导致阀门稳定性和密封性不能得到保证，造成不必要的返工，影响施工工期。阀门均应进行现场单体试压检验。

（4）管件工艺质量不符合要求

对于管道而言，更严重的问题是工艺质量问题，工艺质量未能达到要求或者

存在缺陷都会导致一系列问题。如果进场的管件对接焊缝存在严重凹槽，不符合质量要求，将会导致构件能够承受的压力降低，运行过程中存在安全隐患。造成这种情况可能的原因：未落实进场材料验收程序，材料进场管理存在漏洞。

在实际应用中会存在更多的问题，所以在检验和储存管道时必须按照规范要求，把风险降到最低。

2.2　管道下料与加工

管道下料与加工过程中也会存在一些不符合规范要求的问题，由于这个过程和后续的工作息息相关，所以这个阶段如果存在问题后果更加更重，对后续工作的影响也更大。

（1）不锈钢管预制打磨不符合要求

在加工不锈钢管时，经常会出现管道打磨问题。使用普通砂轮打磨后容易发生渗碳，加速不锈钢的腐蚀，所以《工业金属管道工程施工规范》GB 50235－2019第5.2.2条规定：当采用砂轮切割或修磨不锈钢、镍基合金、钛材、锆材时，应使用专用砂轮片。造成不锈钢管预制打磨不符合要求可能的原因：施工单位未按要求配置不锈钢专用砂轮片；工人未按照规范的要求进行操作；相关技术人员责任心不强，对施工人员的技术交底不到位，现场施工时也未进行检查和指导。

（2）管道实际使用位置与预制不符

在管道预制完成后，会存在实际使用位置与预制不符合的情况，如脱碳单元管道预制完成后实际用于相同管径、相同形式的脱水脱汞管段，焊口已在预制完成后检测完毕等。这样会导致管道检测混乱，出具的检测报告与焊口不能一一对应，极易出现焊口漏检、缺检现象。造成这种情况可能的原因：预制管段表面标识不清楚，导致管段混用。

（3）不锈钢管污染等

除以上问题外，还可能存在不锈钢管道污染、渗碳等问题。产生这类问题的原因有：施工人员质量意识淡薄，技术交底不到位，建设过程中未按设计图纸施工；建设完成后成品防护不到位。需要对被污染的部位进行酸洗处理，覆盖易污染部位，采取隔离措施，防止发生渗碳；进行专项交底，明确质量要求；上部施工时采取防护措施，避免焊接飞溅及切割氧化物的污染。

（4）管道坡口加工问题

管道坡口加工中也会存在一些问题，如管道坡口加工不规整、对口间隙过小。管道坡口和对口间隙过小，容易造成焊缝根部未焊透，出现未融合现象，属于严重的焊接缺陷，导致焊缝强度降低。可能的原因：施工单位技术人员技术交底不够详细；焊工技术水平不高；存在盲目施工现象；质量管理人员责任心不强，监督检查不到位。

2.3 管道安装与焊接

1. 管道安装易出现的问题

(1) 弯头对接不符合要求

在进行管道对接时，可能出现液化单元直缝弯头对接后焊缝未按要求错开。其危害主要是会产生三向应力，应力集中和金属过热会引起成分改变，影响强度。出现这种情况可能的原因：施工单位技术人员责任心不强，技术交底不到位，管工在组对时未考虑有缝管件对施工的影响，对容易出现问题的管件组对完成后未进行检查，焊工在焊接前未与管工进行交接检查。设计要求直缝管件对接时焊缝应错开；焊缝割口后需要重新组对焊接；对于有缝管件的组对，施工单位技术人员应对施工班组加强技术交底；焊接前现场焊工与管工应进行交接检查，对于出现的问题应及时整改。

(2) 螺栓太短

液氮存储器最典型的问题是制氮系统液氮存储器处螺栓太短，会造成连接强度不足，运行过程中易发生危险。按照标准和规范要求，螺母应露出螺杆。出现这种情况可能的原因：螺杆长度不满足要求，螺母安装不到位，质检员现场监督检查不到位。

管道安装过程中螺栓主要起连接作用，如安全阀固定螺栓长度过短，会导致固定强度不足，容易发生泄漏事故。出现这种情况可能的原因：施工单位技术人员质量意识淡薄，存在侥幸心理；施工作业人员未执行施工技术交底规定。

(3) 不锈钢管穿墙时套管安装不符合要求

不锈钢管线在穿墙时，碳钢套管与不锈钢管线之间未采取隔离措施，会导致碳钢与不锈钢接触，容易产生渗碳，加速不锈钢的腐蚀。出现这种情况可能的原因：施工单位技术人员责任心不强，对施工人员技术交底不到位，现场施工时也未进行检查和指导；施工人员质量意识不强，未按要求操作；施工单位质检员现场检查不到位。

2. 管道焊接易出现的问题

(1) 管材上引弧伤及母材

施工人员焊接时在管线母材上引弧，会引起管线母材材质变化，影响管道使用寿命。这种情况主要是施工单位技术交底不到位造成的。

(2) 冷剂单元焊口出现裂纹

冷剂单元不锈钢冷剂管线焊缝处有裂纹。随着裂纹逐渐扩大，在焊口裂纹处产生韧性断裂失效，无法保证管道的稳定安全运行。出现这种情况可能的原因：焊接过程中电流过大，药皮过早发红分解，使焊缝无气体保护也无冶金反应；焊接时环境温度过低，材料变形能力降低，而抗拉强度和屈服强度提高；焊接选用的焊条、焊丝不符合焊接工艺要求。

(3) 管道焊缝表面低于母材

焊缝对于整个管道的质量影响极大，如管道焊接完毕，焊缝表面凹陷处低于母材或焊口表面凹陷处低于母材，容易导致焊道强度不够，产生应力集中，给试压或试运行带来安全隐患。出现这种情况可能的原因：质量、技术交底不详细；焊工技术不熟练，水平参差不齐，焊接方法不当；质检员现场监督检查不到位。

(4) 焊接过程中未对管件采取保护措施

如在焊接过程中产生飞溅，管件坡口两侧又未采取保护措施，飞溅物会残留在管件表面，影响管道外观质量，不利于后期保冷施工。出现这种情况可能的原因：焊接电流过大，导致焊接物飞溅；焊接时焊道两侧未采取保护措施。

2.4　管沟开挖及回填

(1) 管沟宽度不符合要求

管沟方面易出现的问题是管道中心线与管沟中心线不在同一直线上，管沟宽度不符合要求。管沟宽度较小容易造成管线无法下入沟底，在下沟过程中管道悬空，而长时间悬空容易发生管道变形。出现这种情况可能的原因：施工前技术交底不明确；管沟开挖宽度未达到施工图纸及规范要求；管沟开挖时少挖土方，使得管沟过窄。

(2) 管道下沟时起吊间距不符合要求

管道下沟时如起吊间距不符合规范要求，当管道较长、起重设备数量较少时，容易造成管道变形不能使用。出现这种情况可能的原因：施工单位技术交底不到位；施工现场无专人监督并指挥下沟作业。

(3) 管沟底部未铺设垫层

管沟底部未铺设垫层，极易造成管材底部与管沟底部岩石或尖锐物体直接接触，回填后挤压、损伤管道。可能的原因：技术交底不详细；质检人员责任心不强，监督管理不到位；现场“三检”（自检、互检、专检）制未落实到位。

2.5 吹扫试压

(1) 站内管道吹扫时检查准备工作不到位

由于检查不到位，常常会出现一系列问题，如站内管线吹扫时吹扫系统未与不需要吹扫的设备完全隔离。这会造成设备损坏，影响施工工期，并造成经济损失。出现这种情况可能的原因：现场管理人员质量意识淡薄，存在侥幸心理；施工人员违规操作，质量意识淡薄；施工前技术交底不明确。

(2) 站内管道试压时阀门作盲板使用

试压过程中存在的问题主要是站内工艺管线试压前用阀门代替盲法兰作试压封头。这可能造成阀门内漏，导致事故状态时阀门不起作用，造成损失。出现这种情况可能的原因：现场管理人员技术交底不到位，存在侥幸心理；施工人员违规操作，质量意识淡薄。

(3) 试压过程中出现泄漏及带压修理

试压过程中的泄漏问题也比较典型，如站内工艺管线试压时出现泄漏，未降压，带压修理。可能的原因：现场管理人员未进行技术交底；操作人员安全意识淡薄，存在侥幸心理。

2.6 管道防腐和绝热

(1) 管道保冷外保护层接缝处没有涂抹密封剂

管道密封关系着管道的使用性能，因此密封问题很关键。如绑扎外保护层时环向和纵向交叠缝隙处没有涂抹密封剂，交叠处容易出现缝隙或者缝隙过大，雨水容易进入保冷层，设备运行后结冰。出现这种情况可能的原因：未进行详细的技术交底；质检人员质量监督不到位；施工人员对工序作业流程不熟悉，没有涂抹密封剂。

(2) 管道保冷伸缩缝保护不到位

管道保冷施工时未对伸缩缝进行防雨保护，容易使伸缩缝内的玻璃棉受潮吸水，导致保冷效果差，在运行过程中管道容易出现结冰现象。出现这种情况可能

的原因：技术交底不详细；作业人员质量意识淡薄；质检人员责任心不强，监督管理不到位。

（3）保冷管托安装后保护不到位

保冷管托安装后未及时完善防潮防雨措施，会使管托内部的聚氨酯泡沫受潮吸水。聚氨酯泡沫块是低温管道支架的重要部件，具有承载和保温功能，聚氨酯泡沫浸泡受损会影响其功能的正常发挥。0℃以下，水渗入聚氨酯泡沫后会膨胀，导致泡孔受损，甚至导致整个聚氨酯泡沫块的毁坏，从而导致保冷效果差，在低温管线运行过程中出现管道支架结冰。

（4）管道保冷外保护层不锈钢带间距过大

管道保冷外保护层不锈钢带间距过大，超出规范和设计文件的要求，外保护层绑扎不紧密，环向和纵向交叠处容易出现缝隙或者缝隙过大，雨水易进入保冷层，运行后易结冰，对保温绝热材料的使用寿命有一定影响。

第 3 章　LNG 管道设计

3.1　管道材料参数

（1）热膨胀系数

物体由于温度改变而产生胀缩现象，其变化能力以等压下单位温度变化导致的长度量值变化即热膨胀系数（CTE）度量。当管道不同部位的热膨胀系数不同时，各部分因温度变化引起的变形就会有所不同，此时管道的密封性能就会有所改变。

（2）导热系数

在物体内部垂直于导热方向取两个相距 1m、面积为 $1m^2$ 的平行平面，若两个平面的温度相差 1K，则在 1s 内从一个平面传导至另一个平面的热量就规定为该物体的导热系数，其单位为 W/(m・K)。

（3）弹性模量和泊松比

弹性模量又称杨氏模量，是弹性材料的一种最重要、最独特的力学参数，是物体弹性变形难易程度的表征，用 E 表示，定义为理想材料有小形变时应力与相应的应变之比，以单位面积上承受的力表示，单位为 N/m^2。泊松比是指材料在单向受拉或受压时，横向正应变与轴向正应变的比值，也称为横向变形系数，它是反映材料横向变形的弹性常数。

（4）保冷材料物性参数

保冷材料多选用泡沫玻璃等，常用的保冷材料的热物性参数举例如下：

密度为 $960kg/m^3$，导热系数为 0.02W/(m・K)，比热容为 800J/(kg・K)，热膨胀系数为 $1\times10^{-5}/K$。

（5）垫片物性参数

垫片通常选用玻璃纤维增强材料的聚四氟乙烯片材（RPTFE）制作，其具有优良的耐化学腐蚀性能与介电性能，广泛用于－250℃左右的温度环境。在已知的硬塑性材料中只有聚四氟乙烯具备较小的静态摩擦系数、较好的机械与耐腐蚀性能。其密度为 $2200kg/m^3$，导热系数为 $0.43W/(m\cdot K)$，热膨胀系数为 $8\times10^{-5}/K$。

(6) 氮气物性参数

氮气常用参数与温度的关系式如下。

密度随温度(T)变化的关系式为

$$\rho = -5e^{-7}T^3 + 0.0004T^2 + 0.1202T + 15.11 \tag{3-1}$$

比热容随温度(T)变化的关系式为

$$C = e^{-7}T^4 - e^{-4}T^4 + 0.0351T^2 - 5.7067T + 1401.9 \tag{3-2}$$

导热系数随温度(T)变化的关系式为

$$\lambda = 8e^{-5}T + 0.003 \tag{3-3}$$

黏度随温度(T)变化的关系式为

$$\mu = 5e^{-8}T + 2e^{-6} \tag{3-4}$$

(7) 液氮物性参数

液氮常用参数包括：比热容为 $2041.5J/(kg\cdot K)$，蒸发潜热为 $199.1kJ/mol$，沸点为 $77.15K$，黏度为 $0.0002Pa\cdot s$。

液氮的密度随温度(T)变化的关系式为

$$\rho = 0.0003T^3 - 0.0984T^2 + 9.7797T + 522.54 \tag{3-5}$$

液氮的导热系数随温度(T)变化的关系式为

$$\lambda = 0.2654 - 0.001\,677T \tag{3-6}$$

3.2　管道线路选择与敷设

近年来，随着我国对 LNG 进口需求量的增加，大连、江苏、青岛、唐山、深圳等地的 LNG 接收站陆续投产，随之而来的问题是如何保证接收站的安全建设，并兼顾当地的环境保护。本节将以深圳 LNG 应急调峰站工程等 LNG 重大工程为例，分析 LNG 管道线路的选择和敷设条件。深圳 LNG 应急调峰站工程位于广东省中南部，深圳市东部、惠州市东南部和东莞市南部的交界地带，管道起自深圳市大鹏半岛迭福北，经过深圳市、惠州市、东莞市，与西二线广深支干线相接。

3.2.1　地理位置

LNG 管道敷设需要考虑地理条件等，尤其是我国地理环境复杂，更需要针对不同的地理位置进行路线选择。管道沿线地区的等级是根据《输气管道工程设计规范》GB 50251－2015 划分的，深圳敷设段厂房比较密集，为三级地区；惠州及东莞敷设段为二级地区，考虑其远景规划，划为三级地区。

3.2.2 自然条件

（1）气象

气象问题直接关系到 LNG 管道工程的实施，需要考虑气象气候，有针对性地作出调整预案。例如，雷雨、大雾、暴雨、冰雹等天气条件下，地质情况会受到一定的影响，所以需要对不同的气候进行详细分析，以免发生管道损伤。

例如，深圳地区的气候属中热带温暖湿润大陆季风气候，以高温干燥多雨为主要特征，年平均最低气温在 22℃左右，夏季长冬季短，每年累计降水量在 2300mm 左右，而南岭及其南侧的迎风坡降水又较多，夏季的降水一般占全年降水总量的大约 40%。

（2）水文

深圳 LNG 应急调峰站管道沿线位于东江水系，水系较发育，但无大型河流，全线均为中小型河流和溪沟。管道在深圳市穿越东江水系二级支流坪山河和龙岗河，在靠近海岸位置又会受到海水腐蚀，因此需要考虑不同情况下河流水系等带来的影响。近海地区海水腐蚀性强，且常年积累附着的盐渍、海洋生物会导致管道损伤，其清理工作难度大。

（3）地质

以深圳 LNG 应急调峰站工程为例，其位于华南褶皱系断层上发育的紫金—惠阳凹陷褶皱断束地层中，这是一个从加里东褶皱系断层基底构造带上发育并延伸沉积而成的晚古生代构造凹陷，其后这个地层系又逐渐被其他一系列中、新生代构造凹陷叠加、改造，并发生了大断裂岩石结构活动和岩层剧烈活动，造成沿线地层连续性和变异带差、缺失露点甚多，除中生代至新生代地层段外，其他各时代地层段沿线的沉积变质岩石地层都受到不同类型岩浆的变质蚀化作用。管道段及其沿线盆地的沉积地质构造类型大都相对简单，主要是沿线分布了一组稍偏东向西北延伸的深圳构造断裂带。

（4）地震

根据《中国地震动参数区划图》GB 18306－2001 与广东省的区域地质资料，管道经过的地区地震烈度弱、频度低，属弱震区，为地壳相对稳定区域。

尽量避免在地震动比较频繁的地区敷设管道，一旦长输管道受到地震影响，其维修工作不仅费时费力，而且存在一定的危险。

3.2.3　输气工艺参数

（1）设计输气量

根据市场供配气方案参数对比分析，以深圳 LNG 应急调峰站外回气输油管道的正常工况数据为参照，输送供配气量范围为(9.6～67.9)万 m^3/h。应急安保工况下，深圳 LNG 应急调峰站为西二线广东、香港、深圳目标市场应急安保的范围为 100%香港电厂、100%城市燃气用户和 30%其他电厂用户，安保时间为 10 天，安保输气量为(84.2～124.2)万 m^3/h。经综合分析，考虑深圳 LNG 应急调峰站站外直输管道的设计输送能力上限为 125 万 m^3/h。

（2）基础数据

输气工艺基础数据见表 3－1。

表 3－1　输气工艺基础数据

序号	工艺参数	具体参数
1	接收站外输设备区主要参数	正常运行时接收站出站压力按 9.0MPa 考虑，应急安保工况按 9.2MPa 考虑，出站温度按 0～4℃考虑
2	注入西二线广深支干线的压力	气压不低于 6.5MPa
3	管道长度	深圳 LNG 应急调峰站外输管道全线长度约为 63km
4	气体标准状态	气体标准状态压力为 0.101 325MPa、温度为 20℃
5	设计工作天数	年设计工作天数取 350 天
6	管道内壁粗糙度	管道内壁粗糙度取 30μm
7	管道埋深处地温	冬季平均地温 20.5℃，夏季平均地温 28.4℃，年平均地温 22.7℃
8	传热系数	土壤传热系数取 1.53W/(m^2·℃)

工艺方案：应急调峰站外输管道推荐设计压力为 9.2MPa，管径为 800mm。

3.2.4　管道线路走向和铺设

LNG 管道线路走向需要根据地质和市政要求确定，包括经过哪些特殊地段，穿越哪些主要地形、哪些主要交通道路和居民生活地区等。

1. 管道敷设

（1）一般要求

管道埋深一般宜设计为小于 1.2m，当管道水平转角、竖向转角很小（一般为 2°～3°）时，一般优先考虑采用弹性敷设，弹性敷设管道的最小曲率半径要求满足：自重产生的管道最小曲率半径和管道强度允许达到的最小曲率半径应大于 1000D（D 为管道直径）。弹性管道不得长期连续使用在由于管道平放造成横向或竖向发生垂直变向处。弹性管道的敷设长度要求无法充分满足时，宜优先考虑采用冷弯弯管，曲率半径约为 40D；冷弯弯管条件仍无法完全满足时，建议尽量采用热煨弯管，热煨弯管的曲率半径约为 6D。

（2）特殊地段管道敷设

特殊地段包括一些地质活动比较频繁的地区、一些重要活动地区及地形受限地区，这类地区需要按照安全风险要求进行施工建设。

例如，在一些已铺设管道的地区，受地形、规划等条件限制，局部地带可供敷设管道的空间比较狭窄，所以需要严格控制已铺设管道和当前管道的间距，尤其要保证输电线路和工程管道的安全距离。一般情况下要求与已建管道的间距不小于 10m，地形困难地段不小于 6m，局部困难地段间距适当缩小，但不小于 3m。对于一些无法进行管道敷设的重要工程，需要绕道敷设。水库、大坝周边的厂房也需要设计好管道路线，避免大量的厂房拆除。

（3）管道穿越

1）河流穿越。设计 LNG 管道时难免会穿越一些河流，需要在路线设计过程中详细列出穿越的河流地段和数量。对于大中型河流及水塘等复杂施工地段，管道敷设深度往往有着比较严格的要求。小型及中小型河流、湖泊和小型湖泊、水塘通常会采用开挖隧道的管道敷设方式，管道埋深要求不小于 2m。受地形限制时一般采用定向钻穿越方式，穿越深度一般不小于洪水冲刷深度以下 6m。

2）道路穿越。除穿越河流外，敷设管线时也会穿越一些重要的道路，除按照国家道路建设标准施工，还需要做详细的穿越记录。

2. 线路用管

不同的管道根据途经的不同地形、不同位置和不同要求选择管道的材料等参数，既要保证满足管道的设计要求，还要满足经济效益要求。管道外径宽度和壁厚可按照《无缝钢管尺寸、外形、重量及允许偏差》GB/T 17395－2008 的规定进行设计。

3. 用管规格

按照相关管道建设标准，惠州段一般线路段用管规格为 ϕ813.0×15.9 L485，深圳段一般线路段用管规格为 ϕ813.0×20.6L485，现场冷弯弯管的最小

曲率半径为 $40D$，与一般管段同样弯制。

4. 线路附属设施

管道沿线设置以下标志或设施。

里程坡：管道每公里应设置里程坡 1 个，一般可与阴极保护测试桩管合用。

转角桩：在管道水平方向任意改变位置，设置一个转角桩，转角桩上要清晰标明管道里程、转角角度等。

穿越桩：管道穿越河流或大中型爆破工程两岸需设置安全警示牌；干渠、铁路、三级台阶以上干线公路应当在两侧按规定设置永久性穿越桩，穿越桩要标明穿越管道名称及铁路、公路桥梁或穿越河流断面的隧道名称、线路里程，穿越钢管有专用套管设备的还要注明专用套管长度、规格和管道材质等。

交叉桩：电话线与城市地下管道、电线（光）电缆有交叉连接的位置应设置交叉桩。交叉桩柱上须注明线路里程、交叉物名称、与其他交叉桩的位置关系等。

加密桩：在管道口的正前沿上方每隔一段距离（约 100m）需要设置一个加密桩。

警示牌：管道通过居民区、学校等公共场所时应当在远离人群主要聚集地处设置警示牌，管道通过居住区及工业密集地段等时应当加强保护，在安全性不高的地方设置警示牌。

警示带：管道沿线距管顶不小于 500mm 处埋设警示带。

3.3　关键管道设计

LNG 气化站的管道包括 LNG 低温液体管道及升温后的天然气管道，有 LNG 输送管道、BOG 输送管道、EAG 放空管道与天然气外输管道等。

LNG 低温液化气输送管道、BOG 液体天然气输送管道、EAG 放空管道等天然气输送低温管道多选择采用原装进口的不锈钢管材及进口无缝镀锌钢管，材料大多为优质 06Cr19Ni10 不锈钢。天然气外供输入管道多采用原装国产无缝钢管，材料一般为优质 20 钢。其中，最复杂、关键和重要的设备出口管道是 LNG 储罐系统的主要出口管道及主要出口的 BOG 管道。关键设备与管道的参数见表 3－2。

表3-2 关键设备与管道参数

名称	相关参数
储罐	储存温度−162℃，设计压力0.84MPa，最大工作压力0.80MPa，罐体外径为3450mm、内径为3000mm，储罐两头的封头均采用标准椭圆封头
LNG泵	压力为0.5～1.3MPa，扬程为200～300m，流量为450～550m
BOG压缩机	进气口/排气口管径为200mm，压缩机尺寸为1.55m×1.71m×1.82m，排气压力0.6MPa，排量3000N·m^3/h
空温式气化器	进口管径为65mm，出口管径为150mm，进口温度−196～140℃，设计压力1.6MPa，单台设计气化量为5000N·m^3/h
LNG储罐出口管道	设计压力1.0MPa，设计流速3m/s，管径65mm，壁厚4.0mm
BOG管道	设计压力1.0MPa，设计流速6m/s，管径200mm，壁厚6.0mm

3.3.1 管道支撑形式

管道的支撑形式按照功能和用途一般分为三类，即承重支吊架、限位支吊架和振动控制支吊架。

(1) 承重支吊架

承重支吊架主要用于支撑管道，一般分为三类，即恒力支吊架、变力支吊架和刚性支吊架，分别用于管道垂直位移较大或需要限制转移荷载的位置、管道垂直位移不太大的位置和管道无垂直位移或垂直位移很小且允许约束的位置。

(2) 限位支吊架

限位支吊架主要起限制和约束作用，分为固定支架、限位支架和导向支架。固定支架一般用于管道上不允许有任何方向的位移（包括线位移、角位移）的位置，限位支架一般用于限制某一方向位移的位置，导向支架用于允许管道有轴向位移但不允许有横向位移的位置。

(3) 振动控制支吊架

振动控制支吊架是减少振动或者冲击的装置，由减振器和阻尼器组成。减振器用于需要减振的位置，阻尼器用于缓和往复式机泵、地震、水击、安全阀排出反力等引起的管道振动。

LNG气化站站内管道多是在地面以上敷设，会受到一系列力的作用，所以采用不同形式的支吊架进行支承。一般来说大部分管道都采用限位支吊架约束管道变形，BOG压缩机管道系统一般采用振动控制支吊架。

3.3.2 LNG气化站关键设备特点

（1）LNG气化站站内设备与管道安全要求高

LNG气化站站内设备与管道的标准相对于其他管道设备来说较高，这是因为LNG管道都是在低温下运行的，如果管道发生损坏，低温气体将导致严重的人员伤害，并且可能导致泄漏，而LNG易燃易爆，泄漏后果严重。为了避免大型事故，其安全标准相对较高。

（2）考虑低温设备与低温管道间的应力收缩影响和补偿

由于LNG管道运行于低温环境条件，需要采用奥氏体不锈钢管，材料为06Cr19Ni10，其具有优异的低温机械性能。一般采用Π型和L型自然补偿，补偿工艺管道的冷收缩。

（3）LNG气化站站内设备与管道构成复杂

LNG气化站管道系统复杂，一般由一系列低温管道及常温管道组成，管内介质复杂。LNG气化站的设备多且复杂，包括各种管件和阀门设备，其连接形式复杂，在运行过程中还需要考虑温度变化导致的泄漏问题。

（4）LNG气化站站内设备与管道工况复杂

LNG气化站内的管道设备在投产并正式运行前一般需要经过管道装置的安装、试风压、预冷试验等试验工况验证，因此对各种工况进行分析必不可少。BOG压缩机在工作时还会产生严重的振动现象，因此在LNG气化站运行之前需要对各个设备进行应力分析、风险测试及安全评估等，以保证LNG设备的正常运行。

3.3.3 LNG气化站站场管道受力

1. 管道荷载分析

荷载是直接使压力管道系统内的构件产生残余应力的主要原因，管道系统承受的荷载通常分为以下三类：

1）静荷载：通常有管道重力荷载（如管道、保温层重力荷载及管道内各种流体的荷载）、管道压力荷载（如管道内压与管壁外压）、位移荷载（如管道热胀冷缩位移、管道端点的附加位移荷载及管道支座沉降位移荷载）等。

2）动荷载：一般指自然环境和冲击振动产生的压力和荷载等。

3）温度荷载：工作过程中温度变化导致的热胀冷缩现象产生的变形等。

2. 管道的基本应力

(1) 按应力方向分类

根据应力的方向可以将管道所受应力分为环向应力(σ_P)、轴向应力(σ_L)、径向应力(σ_r)及剪应力(τ)。

1) 环向应力。环向应力的产生是因为管道内流体的压力导致其应力方向平行于圆周的切线方向。可以通过拉梅(Lame)公式计算环向应力的大小沿管壁方向的改变，薄壁管道的环向应力可以近似表示为

$$\sigma_P = \frac{Pd}{2e} \tag{3-7}$$

式中 P——管道内压，MPa；

d——管道外径，m；

e——管道壁厚，m。

2) 轴向应力。轴向应力的产生多是由内压、外压、摩擦力、重力、膨胀等导致。其中，由弯曲引起的轴向应力称为弯曲应力。轴向应力可由下式计算：

$$\sigma_L = \sigma_{LA} + \sigma_{LP} + \sigma_{LB} \tag{3-8}$$

式中 σ_{LA}——其他外力产生的轴向应力，MPa；

σ_{LP}——内(外)压力产生的轴向应力，MPa；

σ_{LB}——其他外力矩产生的轴向应力，MPa。

将各项分量求和后，可得到轴向正应力为

$$\sigma_L = \frac{F_{AX}}{A_m} + \frac{Pr_a}{4\tau} + \frac{M_b}{W} \tag{3-9}$$

式中 F_{AX}——管道横截面上的力，MPa；

A_m——管道横截面面积，m^2；

M_b——作用在截面上的弯矩，N·m；

r_a——管道内径，m；

W——抗弯截面系数，mm^3。

3) 径向应力。径向应力的产生相对简单，主要是由内压或者外压导致，方向平行于管道半径方向。其变化范围在管道内壁表面所受内压和管道外壁表面所受大气压之间。当管道有内压时，内壁径向应力等于内压，外壁的径向应力为0。无外压时，径向应力为

$$\sigma_r = P\frac{r_i^2(r^2 - r_0^2)}{r^2(r_0^2 - r_i^2)} \tag{3-10}$$

式中　r_i——管道内径，mm；

r_0——管道外径，mm；

r——应力计算点的曲率半径，mm。

管道径向应力相对较小，一般在管道系统应力分析时可以忽略不计。

4）剪应力。剪应力的产生是因为管道的自重产生扭矩等及长期使用产生的热膨胀。剪应力作用在与管道材料晶体结构平面平行的方向，可使相邻晶体平面有相互滑动的趋势。

作用于管道上的最大剪应力为

$$\tau_{max}=\frac{F_s K_s}{A_m}+\frac{M_T}{2W} \tag{3-11}$$

式中　F_s——剪切力，N；

K_s——剪切系数；

M_T——作用在截面上的扭矩，N·m。

分析中一般忽略内力矩和横向剪切力的影响。

（2）按应力对管道的破坏作用分类

管道应力按照应力作用可以分为一次应力、二次应力和峰值应力。

1）一次应力。一次应力是指在外荷载作用下产生的应力。其特点为：

① 一般满足力和力矩平衡关系，并且与荷载正相关，在超过材料本身的屈服强度极限时发生破坏。

② 一次应力不是循环荷载。

③ 许用极限根据与断裂模式相关的应力标准判定。

2）二次应力。二次应力是管道变形受到约束而产生的应力。二次应力不能直接与外力平衡。二次应力的特点是：

① 与一次应力相反，具有非自限性，当管道发生局部屈服时会升高。

② 一般由位移荷载引起。

③ 许用极限取决于交变的应力范围及循环次数，与某一时期的应力水平无关。

3）峰值应力。峰值应力是局部应力集中的最高应力值，也是一次应力和二次应力的综合。

峰值应力的特征是整个结构不产生任何显著的变形，它是疲劳破坏和脆性断裂可能的根源。

LNG气化站站场管道同时承受以上三种应力，所以需要对各种应力进行校核。

对于LNG气化站，管道运行环境一般都是低温环境，因此应该根据《工艺管道》ASME B31.3对管道应力进行校核。

4）一次应力校核。《工艺管道》ASME B31.3 规定一次应力校核准则为：由持续荷载导致的应力之和 y 不能超过管道许用应力 σ_h。一次应力校核公式为

$$\sigma_1=\frac{F_{ax}}{A_m}+\frac{\sqrt{(i_iM_i)^2+(i_0M_0)^2}}{W}+\frac{pD}{4\delta}\leqslant\sigma_h \quad (3-12)$$

式中 F_{ax}——由持续荷载产生的轴向力，N；

A_m——管道横截面面积，mm^2；

i_i——平面内应力增强系数；

M_i——由持续荷载产生的平面内弯矩，N·mm；

i_0——平面外应力增强系数；

M_0——由持续荷载产生的平面外弯矩，N·mm；

W——管道抗弯截面系数，mm^3；

p——管道设计压力，MPa；

σ_h——管道热态许用应力，MPa。

5）二次应力校核。《工艺管道》ASME B31.3 规定的二次应力校核准则为：由温度荷载引起的应力之和 σ_2 不能超过许用值 σ_A。

$$\sigma_2=\frac{\sqrt{(i_iM_{i,t})^2+(i_0M_{0,t})^2+4M_t^2}}{W}\leqslant\sigma_A=(1.25\sigma_c+0.25\sigma_h)i_f \quad (3-13)$$

式中 $M_{i,t}$——由温度荷载引起的平面内弯矩，N·mm；

$M_{0,t}$——由温度荷载引起的平面外弯矩，N·mm；

M_t——由温度荷载引起的扭转力矩，N·mm；

i_f——应力减小系数，其取值见表 3-3；

σ_c——管道冷态许用应力，MPa。

表 3-3 允许应力范围应力减小系数 i_f

循环当量数 N	系数 i_f	循环当量数 N	系数 i_f
$N\leqslant7000$	1.0	$45\,000< N\leqslant100\,000$	0.6
$7000< N\leqslant14\,000$	0.9	$100\,000< N\leqslant200\,000$	0.5
$14\,000< N\leqslant22\,000$	0.8	$200\,000< N\leqslant700\,000$	0.4
$22\,000< N\leqslant45\,000$	0.7	$700\,000< N\leqslant2\,000\,000$	0.3

3.4 弯管设计

由于理想流体在流线弯曲时存在离心力作用，外侧流体压力较高，形成朝向

流线曲率中心的顺压梯度，作用在流体微团上的压力增量产生的向心力与微团上的离心力达到平衡。黏性流动中速度不均匀，近壁面处速度较小，转弯外侧速度降低，离心力减小，外侧压力低于理想流体压力，中心区黏性流体与理想流体压力、速度相近，引起管中心向外侧的附加流动和沿管壁从外侧向内侧的流动，形成双旋流，也称二次流。

管内流体受离心力和黏性力作用，最早由迪恩（Dean）提出迪恩数衡量迪恩涡强度，计算公式为

$$D_{en}=Re\cdot\left(\frac{r_{ex}}{R}\right)^{0.5}=\frac{2\rho v r_{ex}}{\mu}\cdot\left(\frac{r_{ex}}{R}\right)^{0.5} \tag{3-14}$$

式中　R——弯管曲率半径；

r_{ex}——换热管半径；

v——流速；

μ——流体黏性系数。

二次流一方面引起压力损失，降低流动效率，另一方面与主流叠加，使流体相互掺混，提高了换热效率，能以较小的阻力损失增强换热，其原因是阻力损失取决于主流在壁面的法向梯度而不是二次流梯度。迪恩涡强化传热机理一方面强化了管内介质扰动，对流作用显著增强利于传热，另一方面，壁面附近剪切作用受迪恩涡强度影响，产生垂直于管壁的剪切力，可清除管壁污垢、降低污垢热阻，实现强化传热。

第4章　LNG站外输管道风险分析与管控

4.1　管道有害因素分析

4.1.1　物理因素

对于LNG站外输管道来说，由于天然气具有易燃、易爆、易扩散、毒性、静电积聚、腐蚀性、易形成天然气水合物等特点，LNG管道一旦发生意外，所输送的天然气易发生喷射火、闪火、火球等危险，极易造成安全事故，并对管道产生极大破坏。

4.1.2　环境因素

由于LNG站外输管道沿线自然环境复杂，管道铺设难度系数大，需要考虑的影响因素也众多。例如，管道与沿线建（构、填）筑物平行处或交叉段等可能产生管道干扰及腐蚀，电气化铁路上产生的较大的高压电流会对埋地管道产生干扰或引起腐蚀，从而严重威胁管道线路的安全运行。除此以外，暴雨性洪水、高温与干旱、腐蚀性的冲击、沙尘暴、地震、泥石流等各类自然灾害可能造成管道泄漏爆炸事故。

4.1.3　工艺因素

工艺过程中的危险或有害因素主要是管道、阀门、法兰等连接处容易泄漏，从而导致火灾和爆炸。引起泄漏的因素有管道运行期间管道上方违章施工、第三方破坏、管道内外腐蚀穿孔、误操作或违章操作、管材材料缺陷等。例如，某LNG站外输管道设计压力为10.0MPa和6.3MPa，当高压气体泄漏到空气中，即使时间较短，也可能形成爆炸性混合气体，且高压下发生的爆炸威力比常压下大，后果也更严重。工艺过程中也可能存在触电、机械伤害、中毒窒息、物体打击、高处坠落等危险。

4.1.4　站场管理因素

LNG 站外输管道包含多个地区分站，每个地区的建设环境不尽相同，中毒或窒息、火灾或爆炸、触电、机械伤害、物体坠落打击等意外事故或设备故障导致的安全事故影响因素不同，各地区的风险管控管理的具体要求也不尽相同。

4.1.5　外输管道危险因素

LNG 站的外输管道大多以浅埋的方式敷设布置，土壤的腐蚀、应力性腐蚀、材料缺陷、突发性自然灾害等多重原因可能导致传输管道发生断裂、破损或泄漏。外输管道的危险区域主要包括沿线管道和沿线分输站。

（1）沿线管道的危险因素

沿线管道的危险主要有火灾、爆炸、中毒、窒息等，这是因为当出现管道腐蚀、第三方破坏、阀门故障等情况可能引起天然气管道破裂、天然气泄漏等，如果遇到点火源可能发生火灾、爆炸等事故。

（2）沿线分输站的危险因素

沿线分输站的危险因素可根据系统与装置划分如下。

1）分离（除尘）系统。泄漏物遇到点火源容易发生火灾、爆炸，且天然气燃烧物具有毒性。

2）计量、调压系统。天然气长期泄漏可能引发电气火灾、爆炸；燃气调压、计量控制装置动作时会伴有高频噪声，产生噪声污染；天然气本身具有一定的毒性。

3）清管器收发系统。清管器作业后会排放部分天然气，在周围有点火源的情况下易发生火灾、爆炸。汇管、收发球筒、分离器由于失控、误操作等原因运行超压，如果泄压装置失效，可能发生爆炸。

4）安全泄放排污系统。天然气管道放空过程中如处理、操作不当或遇点火源可能会瞬间发生火灾、爆炸；放空处理过程往往伴有巨大、刺耳的机械噪声干扰；检维修、保养过程中因作业失误、违章驾驶等可能发生机械碰撞伤害、物体碰撞打击、坠落伤害事故。

4.2　管道风险评价方法

4.2.1　评估单元划分原则

划分评估单元的原则是根据评估对象的生产过程和功能、设备的相对位置、危险和有害因素的类别划分。评估单元要相对独立，具有明显的特征限制，能够确保风险分析顺利实施。评估单元可细分为若干子单元或更详细的单元。

4.2.2 评估单元划分

根据以上原则，可以将 LNG 站外管道系统划分为四个单元，即输气管道单元、站场单元、自控及通信单元、公用工程及辅助设施单元。

由于输气管道单元和站场单元危险度相差较大，应进行安全风险等级分析（表 4-1）。

表 4-1 风险分析单元与采用的风险分析方法

序号	评估单元	评价方法
1	输气管道单元	矩阵法、综合评价法、事故后果模型模拟评价法
2	站场单元	综合评价法、道化学火灾爆炸指数法、安全检查表法

4.2.3 风险分析方法

（1）定性分析

1）根据 LNG 站外输管道沿线地区等级变化划分不同管段，长度不大于 5km 的管道划分为一个评估管段，每一个管段作为一个排查对象，应用矩阵法进行定性评估，得出有较大风险的区域，直观反映 LNG 站外输管道的整体风险情况。

2）针对风险较大的典型管段应用综合评价法、安全检查表法进行定性分析。

（2）定量分析

1）对 LNG 站外输管道所有站场采用道化学火灾爆炸指数法定量分析其危险程度。

2）对 LNG 站外输管道采用事故后果模型模拟评价法定量分析事故影响范围。

4.2.4 LNG 站外输管道风险分析

管道穿越人员密集场所、地质活动频繁的区域，可能由于土壤腐蚀、应力腐蚀、材料缺陷、焊口缺陷、第三方破坏、自然灾害等原因管道断裂或泄漏。受地形、建筑物和其他在建工程的限制，考虑 LNG 站外输管道工程个别地段从城镇规划区或民房密集处通过，或穿越一、二级公路的两侧，发生泄漏或火灾事故

时，会影响周围区域人员的生命和财产安全，因此对管道安全运行的要求很高。

依据《HSE风险矩阵标准》QSH－0560－2013，考虑安全生产重大风险评估的实际，根据后果的严重性分为C、D、E、F共4级。A、B两级后果较轻，不构成重大风险。根据当前煤矿生产技术和井下设施隐患情况，将其引发火灾事故或者发生爆炸或伤害的可能性按从低到高的顺序分为2、3、4、5、6级（1级为可能性低于10^{-5}/年）。

4.3　管道风险管控措施

4.3.1　风险管控措施

基于风险分析结论，可对管道单元采取如下管控措施。

（1）火灾爆炸危害降低措施

根据道化学指数相关计算，必须在场站采取工艺控制管理、物质分区域隔离、消防方面的安全措施降低火灾爆炸危险等级，包括：

1）设置相匹配的站控系统。

2）设置远程控制及紧急排放等系统。

3）安装整套灭火设备与系统。

4）设置天然气泄漏检测系统。

5）工艺装置区设置手动报警按钮和火焰探测器。

（2）泄漏喷射火、蒸汽云爆炸危害降低措施

应适当提高巡查频率，防止天然气管道上有重物施压或者出现其他安全隐患，并防止第三方破坏事故的发生。在设计阶段要做好管道走向选线工作，尽可能避开人口密集区及对管道安全影响较大的其他地区。

（3）站场单元风险管控措施

对设备生产指标和质量应该进行严格的检查，在工艺装置区设置可燃气体监测报警装置，保证设备设施的安全距离，保证厂区内外人员及设备的安全。充分考虑总体布局的安全性，工艺装置区、生活区及放空区分开布置，并设置消防通道，保持内外道路畅通，保障安全疏散和消防车等车辆的通行。

（4）管道单元风险管控措施

我国LNG站外输管道建设区域较多，管道铺设地理环境复杂，而位于平原地区的城市需要用到大量LNG，所以管道经过的地区人口比较密集，距离某些村镇较近，管道被人员与环境破坏的可能性增大。可采取以下措施：

1）部分管段选用具有更高质量等级的材料，适当增加输气管道截断阀的设置数量。

2）适当增大管道壁厚、埋深。

3）在铺设时考虑所在地区未来的长期规划。

4）在工程投产后加强管道的巡检，加密设置管道标志桩，加强管道保护和天然气管道危险性的宣传。

针对管道与活动断裂带存在多处交叉的情况，要适当提高交叉段地区等级，增大管道壁厚。对于通过活动断裂带的管段，要采取以下防护措施：

1）选用韧性好的钢管。

2）断裂过渡带内不设三通、旁通和阀门等。

3）断裂带内的管道焊缝100%采用射线探伤。

4）尽量采用弹性敷设处理管道转角。

5）采用外壁摩阻较小的外防腐涂层。

6）线路截断阀室尽量设在靠近管道通过断裂带处的两端。

对开挖穿越管段进行抗漂浮核算。水下穿越管段不能满足稳定性要求时要采取相应的稳管措施，保证管道施工及运营期间的稳定。施工时应注意穿越管段管顶应置于洪水时的最大冲刷层以下，保证管顶埋深在稳定层以下1m。必要时在管道下游设置石坝，防止管道周围回填土被掏空，同时设置护坡护岸设施，确保管道安全。

4.3.2 管道运行管控措施

1）加强日常管理。重视特种设备的管理，定期集中对各类设备、仪表进行现场检验及检定，组织岗前培训，制定与完善岗位操作规程。做好高风险区段日常巡护情况记录，明确重点地段日常巡护时限要求。

2）开展管道保护宣传，防止第三方破坏。

① 对天然气高风险区管道系统（及系统周边200m半径范围）区域内的社区居民每半个季度左右开展一次法规基础知识教育与科普教育（发放宣传品、张贴宣传单、进行法规讲解、告知），重点关注天然气管道设施及其保护管理和安全法律法规常识的普及，管道现状分析及灾害现场的应急避险和快速疏散、报警、自救知识讲解等；在铺设管道两侧的村庄安装公示牌、宣传栏等，宣传栏中可以张贴管道设施安全运行保护知识宣传单。

② 与当地政府密切联系，取得政府部门的支持、认可。

3）确保做好现场防护警示等措施，确保防护警示标志设置准确且清晰。两

个防护桩警示牌间距原则上不大于50m。高风险区的起止点处要各设置1个防护警示牌（警示牌包括管道基本情况、报警电话、安全注意事项等信息）。管道通过的公路路面及其两侧建筑物和公路两侧沿线在电线杆、墙面等张贴禁止喷涂公路管道警示标志图案或悬挂宣传标语。

4）组织编制风险管段的现场处置方案，绘制进场路线、周边可采用的消防用水及自然水源分布图，明确风险管段应急处置措施。

第5章　LNG储罐设计

5.1　LNG储罐材料

5.1.1　LNG低温储罐的材料要求

LNG储罐在实际储存环境中可能会遇到要用液态氮气冷凝的情况，考虑到液态氮气冷凝产生的介质温度，LNG储罐的温度设计范围通常为从－165℃逐步降至－196℃。LNG储罐由于需要长期低温、密封存储等诸多条件，决定了LNG储罐作为低温容器的设计具有如下诸多特殊性：

1）材料特殊。由于低温存储条件的特殊性，LNG储罐内壁必须能充分承受低温环境，外壁抗拉强度高，所以内壁最好采用高强度9%Ni钢，外壁优先采用高强度预应力钢筋混凝土。

2）耐低温。LNG储罐需要较长时间密封在低温环境中。与天然气常温高压密闭储存环境相比，LNG需要长时间在常压以下或者压力稍高于常压状态情况下才能储存，这样可以显著提高储存安全性，对LNG储罐罐壁保温的时间要求也可以大大降低。

3）保温防潮措施严格。储罐内外温差最高可达－200℃，这就意味着要求储罐内部有良好、稳定的隔热保温性能，防止内外温差及对流效应对液化天然气低温储存性能产生有害影响，因此需要选用高性能、稳定的防火保冷型材料，罐底也要有很好的承重能力。

4）对安全性能要求高。储罐一旦发生泄漏，其中储存的液化天然气会大量挥发、燃烧，形成易燃自爆的大气团。所以，要尽量采用双壁结构，增强储罐安全性能，有效防止高压储罐内的泄漏。

5）抗震性能好。首先要保证储罐结构所在的位置远离强地震带，其次要按规定对储罐结构进行一系列严格的抗震破坏鉴定试验，对储罐的各项性能指标进行严格、科学的动态监测和综合计算分析，保证其建造安全。储罐构造设计要求必须能够在国家现行规定允许的地震荷载作用下保持正常运行。

6）现场施工控制要求严格。施工过程必须严格按照标准要求。

5.1.2 LNG储罐内罐材料

LNG低温储罐的内罐与低温储液直接接触，所以内罐的安全性能需要重点关注。由于LNG需要在低温下储存，要求材料在低温状态下保证性能、安全可靠、强度和韧度不发生改变。目前超低温度用材料主要有奥氏体不锈钢、镍基合金等。可以用于LNG储罐建造的材料主要有以下几种。

（1）9%Ni钢

9%Ni钢作为一种铁素体低温钢，在低温环境下有很好的韧性，是唯一一种可以在−196℃使用的钢材。美国于20世纪40年代开发了含Ni 9%的低温钢，随着焊接技术的不断发展，9%Ni钢已经成为LNG储罐制造的主要钢材，国际上普遍使用9%Ni钢作为LNG存储和运输设备的材料。

（2）铝合金

铝合金具有相对密度极低、强度高、塑性较好、便于压铸成型等优点，且有较好的防低温转化性能，适用于低温场合。

（3）奥氏体不锈钢

奥氏体不锈钢常温下组织为奥氏体，在不锈钢领域扮演着非常重要的角色。奥氏体不锈钢无磁性，具有较高的韧性，但是强度稍微不足，而且不能通过相变强化，要使奥氏体不锈钢强化只能通过冷加工的方式。由于奥氏体不锈钢综合性能较好，在各行业中有着广泛的应用。尤其在低温环境下，奥氏体不锈钢不会产生低温脆性破坏。根据化学成分的不同，奥氏体不锈钢分为多种型号，比较常见的是18Cr8Ni型。

（4）36%Ni钢

国外用于储罐的钢还有36%Ni钢，它的铁含量约为36%，属于中低碳钢，热膨胀性系数非常小，而且可塑性和低温韧性优良。由于其含有大量昂贵的合金元素，钢锭的铸造价格比较高。目前国外一般不推荐采用高强度36%Ni钢作为储罐结构材料，其只适宜作为船舶储罐的内部防护薄膜层料或船内罐材料使用。

以山西太原钢铁集团有限公司生产的06Ni9钢为例，其各项力学性能均符合低温LNG储罐材料的各项特殊要求，其化学成分与力学性能见表5-1和表5-2。

表5-1 06Ni9钢的化学成分

元素	C	Si	Mn	P	S	Cr	Ni
质量分数/%	0.020	0.072	0.002	0.002	0.001	0.060	9.180

表5-2 06Ni9钢的力学性能

热处理方式	屈服强度/MPa	抗拉强度/MPa	断裂伸长率/%
回火+淬火	670	700	21.25

5.2 LNG储罐容积

储罐容积一般由设计储存能力计算公式确定：

$$V_S = V_t + t_n Q_d - t_d q_d \tag{5-1}$$

式中 V_S——储存容积，m^3；

V_t——卸载所需的储存容积，m^3；

t_n——卸船间隔天数，天，卸船间隔天数的确定涉及接收码头的连续不可作业天数及运输船的数量、检修周期、运距、船期延误等变量；

Q_d——平均日输出量，m^3/天；

t_d——卸船时间，h，按12h计算；

q_d——每小时输出量，m^3/h。

目前国际国内在建的大型储罐理论储存容量基本都以万立方米为单位。通常情况下采购方还会根据建厂实际条件对储罐的最大直径范围和最大高度等作出限定。储罐内罐容积由下列公式计算：

$$V_k = \pi H_k R_k^2 \tag{5-2}$$

$$A_k = 2\pi R_k^2 + 2\pi R_k H_k \tag{5-3}$$

面积最小：

$$dA/dr = 4\pi R_k - 2V_k/R_k^2 = 0 \tag{5-4}$$

$$R_k = (V_k/2\pi)^{1/3} \tag{5-5}$$

式中 V_k——内罐容积，m^3；

A_k——内罐表面积，m^2；

R_k——内罐半径，m；

H_k——内罐高度，m。

5.3　主要结构及尺寸

目前国内在设计大型LNG储罐时大多采用国外设计标准中的变点法，不仅能在满足实际需要的情况下得到相对精确的结果，也能合理、充分地利用材料。下文的设计计算中采用的是英国标准BS EN14620。大型LNG罐体的设计要考虑罐体受到的外界摩擦力、碰撞力等各种外界荷载。大多数情况下罐体因受到外界挤压而变形、弯曲等，因复杂的应力变化而破坏。确定罐体主体结构尺寸时，要保证外部主要尺寸比内部公称直径多出10%左右的裕量，这样有利于罐体的稳定和安全，避免内外罐之间因摩擦产生大量摩擦热，使罐体长时间连续稳定工作。

5.3.1　LNG储罐厚度

根据标准BS EN14620，壁板厚度e计算如下。

（1）在操作条件下

$$e_i = \frac{D_i}{20P_d}[98\rho_W(H_t - 0.3) + P_r] + C' \tag{5-6}$$

式中　e_i——所用板材的实际计算厚度，mm；

C'——LNG罐体内部和外部腐蚀裕量，mm；

D_i——储罐内部设计直径，m；

H_t——液态天然气达到设计最高液位时相对于第一层圈壁板的高度，m；

P_r——罐体额定压强，mbar[1]；

P_d——许用设计压力，N/mm^2；

ρ_W——存储条件下液体的最大密度，kg/L。

（2）在静水压试验条件下

$$e_t = \frac{D_e}{20P_{st}}[98\rho_t(H_t - 0.3) + P_t] \tag{5-7}$$

式中　D_e——储罐内部公称直径，m；

e_t——板材的实际应用厚度，mm；

P_t——罐体试验压强，mbar；

P_{st}——在本试验条件下（等压、等温条件下）的许用设计压力，N/mm^2；

[1] 非法定单位，$1bar = 10^5 Pa$，下同。

ρ_t——试验用液体的最大密度，kg/L。

对于任何一圈壁板，无论采用什么材料，壁板的设计厚度都不允许小于上层壁板的厚度，但受压区域除外。LNG储罐试验压力按下式计算：

$$P_t = 1.25P_r \quad (5-8)$$

式中 P_r——罐体额定压强，mbar。

P_t——罐体试验压强，mbar；

参考《压力容器》GB 150.1～150.4－2011及相关标准和文献，对于储罐最小壁厚的规定见表5-3。

表5-3 储罐罐壁最小厚度

储罐内罐直径 D_e/m	罐壁最小厚度/mm	储罐内罐直径 D_e/m	罐壁最小厚度/mm
$D_e<10$	5	$30\leqslant D_e<60$	8
$10\leqslant D_e<30$	6	$D_e\geqslant 60$	10

5.3.2 罐体焊接附加要求

(1) 罐体罐壁焊接

竖直焊缝必须完整，不能有气泡、空洞。水平焊接要求焊接件之间的焊缝完全焊透，避免出现不熔合的现象。相邻两圈壁板缝隙之间的距离要求必须大于或者等于300mm。

(2) 罐体主要附件与荷载情况

储气罐罐体主体结构需要添加附件作为支撑，必须增加加强筋作为支撑件。垫板和加强板应有足够的光滑度和修圆角，修圆角半径最小应为50mm。应根据实际情况考虑以下荷载：内外罐体之间隔离层承受的压力，内罐在真空条件下能承受的负压，内罐与外罐之间的实际有效压力。

5.3.3 罐壁焊接附加要求

通常LNG储罐罐壳都要设置加强支撑，并且加强筋必须根据国家标准计算，一般在竖直方向设置。在设计储气罐壳体尺寸时，必须与加强筋能够支撑的壳体保持相同的直径，厚度要与罐壳的加强板相同。加强圈应位于距离水平环形焊缝不小于150mm的范围以内。由国家标准《压力容器》GB 150.1～150.4－2011可知，在进行压力容器设计时要保证内部负压为5mbar。

罐壳加强支撑的尺寸按以下公式确定：

$$H_e = H_a \sqrt[2]{\left(\frac{e_{min}}{e}\right)^5} \tag{5-9}$$

$$H_E = \sum H_e \tag{5-10}$$

$$H_p = \frac{95\ 000}{3.56 v_W^2 + 582 P_{ka}} \left(\frac{e_{dq}}{D_e^2}\right)^{0.5} \tag{5-11}$$

以上式中 e_{dq}——储罐罐壁顶圈的壁厚，mm；

H_a——储罐每圈罐壁板的高度，m；

H_e——储罐按最薄壁厚计算的壁板的当量稳定高度，m；

H_E——当量稳定整体罐壁高度，m；

v_W——储罐承受的实际风速，m/s；

P_{ka}——罐体内部承受的负压，mbar；

H_p——加强支撑在最小厚度罐壁上的最大允许间距，m。

因为有时隔热结构需要添加加强筋作为支撑，需要在罐体最上端设置至少一圈加强筋作为加强圈，加强圈的焊接通常采用对焊或连续角焊。在中间加强圈对接焊缝处及加强圈与壁板立缝交叉的位置都应设置“鼠孔”。在安装加强圈时，其与壁板横缝之间保持最小 150mm 的安装距离。中间水平环形加强圈采用镶嵌式固定，加强圈会表现出硬挺性，因此在设计储罐时应把加强筋的硬挺性纳入考虑范围。

不包括腐蚀裕量，结合《大型焊接低压储罐的设计与建造》SY/T 0608—2014 中关于罐底板最小厚度的有关规定，最终确定内罐底板的名义厚度。

储罐中幅板最小公称厚度见表 5-4。

表 5-4 中幅板最小公称厚度

储罐内径 D_e/m	中幅板最小公称厚度/mm	储罐内径 D_e/m	中幅板最小公称厚度/mm
$D_e \leqslant 10$	5	$D_e > 10$	6

5.3.4 内罐罐底边缘板厚度与宽度的确定

(1) 边缘板厚度

内罐环形罐底板的最小厚度（不包括腐蚀裕量）e_a 为

$$e_a = 3.0 + e_1/3 \tag{5-12}$$

式中 e_1——罐体最下层壁板的厚度，不小于 8mm。

罐底环形边缘板在去除腐蚀裕量后的最小公称厚度应符合表 5-5 的要求。

表 5-5　环形边缘板最小公称厚度　　单位：mm

底圈罐壁板公称厚度	环形边缘板最小公称厚度	底圈罐壁板公称厚度	环形边缘板最小公称厚度
≤6	6	21～25	11
7～10	7	26～30	12
11～20	9	≥30	14

罐体壁板与边缘板的附件及加强筋连接一般采用对缝焊接；在壁板与罐体边缘板两侧连续角焊，要求角焊缝焊趾不超过 12mm，焊趾尺寸大于等于壁板的厚度或边缘板厚度，当壁板厚度与边缘板厚度不相同时选择较小者作为焊趾尺寸，如图 5-1、图 5-2 所示。

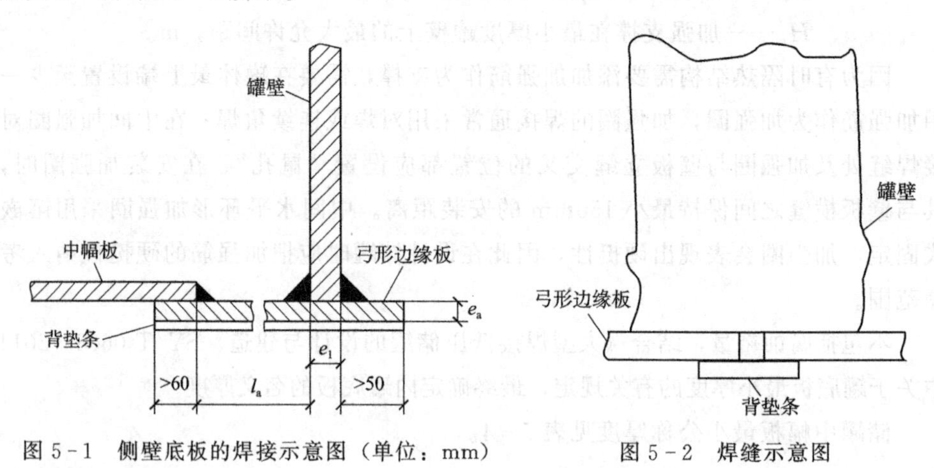

图 5-1　侧壁底板的焊接示意图（单位：mm）　　图 5-2　焊缝示意图

(2) 边缘板宽度

罐体边缘板厚度大于 8mm 时通常采用坡度为 1∶3 的坡口焊。坡口深度加上角焊缝焊趾尺寸应该与边缘板厚度相同。任何壁板立缝与边缘板半径方向接缝之间的最大距离不大于 0.3m，壁板外侧与边缘板外缘之间的最小距离应为 50mm。边缘板宽度 l_a 计算公式为

$$l_a > \frac{240}{\sqrt{H_{max}}} e_l \quad (5-13)$$

式中　e_l——弓形边缘板厚度，mm；

H_{max}——设计最大液体高度，m。

5.3.5 罐底中幅板排板与连接

罐底板的加固和连接应该按照行业标准要求：①靠近边缘的中幅板最小直边长度为500mm；②底板采用角焊或对焊连接工艺。底板焊接如图5-3所示。

罐底中幅板的排板形式主要由储罐的大小、焊接工艺和控制焊接变形等决定。例如，当直径较小时，由于罐壁对底板影响不大，储液静压力也不大，罐底板所受荷载不大，可采用简单的条形排板，这种排板形式比较简单，制造、安装也不复杂。当直径较大时，罐壁对罐底板作用加强，罐底外缘受罐壁弯曲作用力和边缘应力都较大，为防止边缘底板破坏，边缘板要比中幅板厚。

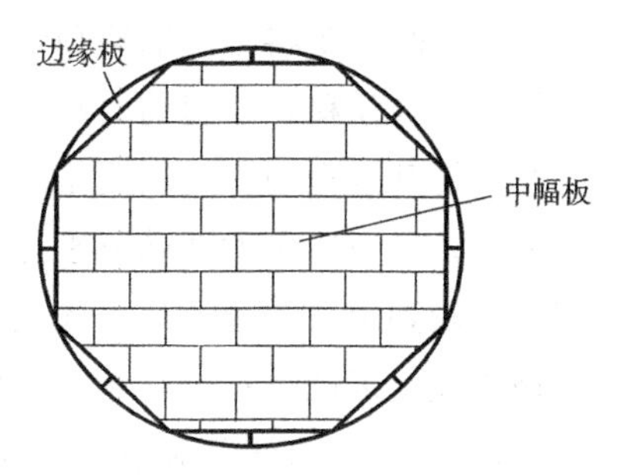

图5-3 储罐底板焊接示意图

板材采用搭接焊接时，搭接接头宽度不能过小，应超出板材厚度的5倍。采用角焊时，焊接层数不能少于两层。

罐体的中幅底板与边缘板搭接时，中幅底板应放在边缘板的上面，要求搭接宽度最小为60mm。需要两块板搭接时，两板之间最小搭接距离为300mm。采用连续角焊的焊接工艺对底板加强筋进行焊接。

具体操作中，焊接接头设计须符合标准《现场组装立式圆筒平底钢制低温液化气储罐的设计与建造》GB/T 26978—2021和《大型焊接低压储罐的设计与建造》SY/T 0608—2014的规定。搭接接头采用全焊透形式，如图5-4所示。

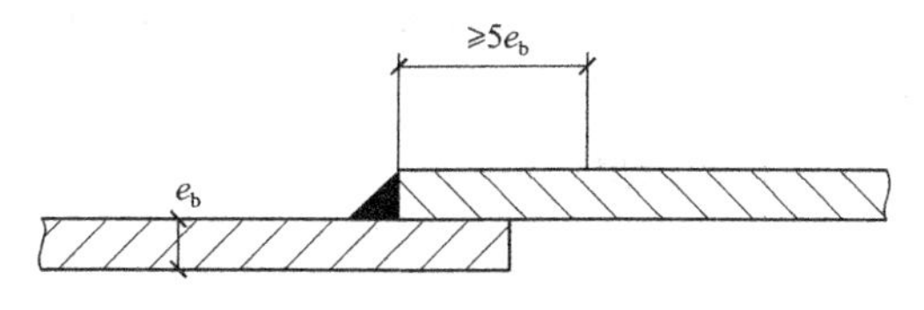

图5-4 搭接接头焊接工艺示意图

注：e_b为搭接板厚度。

5.3.6 储罐罐顶设计要求

储罐外罐结构顶盖采用混凝土浇筑而成，为穹顶形；穹顶的作用力分散在外罐罐壁顶部固定的环梁上，穹顶需要安装必要的过道、检查孔，并留出检修空间。如果罐顶的直径小于20m，经济实惠的普通薄板就可以满足要求，可设计成全封闭圆顶。

进行罐顶结构的气升时，由于罐顶为半球形，顶部直径比较大，首先要在硬化的钢筋混凝土基础上安装底板，在底板上安装预制的钢网壳结构，在钢网壳上覆盖一定量的薄钢板，然后在罐内壁的导轨引导下通过充气装置将钢穹顶升至设定的标高。

气升时，要将预制的罐顶结构与罐壁密封，而后气升就位。为防止气升过程中的倾斜与偏移，要提前对罐顶结构与罐壁进行密封和预制处理，然后才能开始气升。气升过程中容易出现不稳定，发生位置偏移，需要在罐顶使用平衡钢索保持平衡，平衡钢索的两端分别连接到罐顶中心和罐底中心。平衡钢索要沿罐顶上部的定轮到边缘在承压环上固定。在施工过程中要考虑储罐的内罐与绝热施工的可操作性，因此要在钢穹顶下面安装好环形导轨及吊梁。

LNG储液的低温对吊顶支撑结构有一定影响，设计时应考虑耐温要求。

支撑结构的设计应允许任何一个吊杆或吊索失效。吊顶的隔热设计不仅能使罐体保持隔热状态，也能防止储罐在运输过程中受到外界气温变化影响。隔热层应允许气体从吊顶下方到上方进行合理的流通，保证吊顶两侧产生的气压差不会过高，不超过2.41mbar的设计要求。

5.4 强度校核

立式储罐的应力σ_X应用以下公式校核：

$$\sigma_X = \frac{P_s(D_i + e_y)}{2e_y\varphi} \tag{5-14}$$

式中 P_s——工作内压与每节圆筒承受的液柱静压之和，MPa；

φ——充装系数；

e_y——承受工作内压的壁厚，mm。

第6章　LNG储罐荷载响应分析

6.1　风　荷　载

按照《建筑结构荷载规范》GB 50009－2012，垂直作用于建筑物表面单位面积上的风荷载标准值应按下式计算：

$$\omega_k = \mu_s \mu_z \omega_0 \beta_z \tag{6-1}$$

式中　ω_k——风荷载标准值，kN/m^2；

β_z——高度 z 处的风振系数；

μ_s——风荷载体型系数；

μ_z——风压高度变化系数；

ω_0——基本风压，kN/m^2。

β_z、μ_s、μ_z、ω_0 根据规范取值，风压高度变化系数见表 6－1。

表 6－1　风压高度变化系数

高度/m	5	10	15	20	30	40	50
系数	1.09	1.28	1.42	1.52	1.67	1.79	1.89

对于LNG储罐罐壁环向风荷载体型系数，由于国内缺少储罐风洞实验数据，相关文献与资料较少，不能获得合适的取值。国外学者通过对大型储罐进行风洞试验，并对得出的结果通过函数进行拟合，得到罐壁外侧环向风压表达式的具体形式为

$$q_w = \mu_z \sum_{0}^{5} c_m \cos(m\phi) \tag{6-2}$$

式中　q_w——罐壁外侧环向风压；

c_m——傅里叶系数；

m——通过函数拟合得到的波数；

ϕ——周向展开角。

对于傅里叶系数的取值，许多学者提出了不同的计算公式，如公式（6-3）是由戈伦克（Gorenc）于1986年定义的环向风压系数计算公式，公式（6-4）是1998年由格雷纳（Greiner）提出的。为简化圆柱形壳的分析，普里彻（Pricher）建立了公式（6-5）所示的罐壁外侧环向风压系数计算公式。我国规范提供的外侧环向风压系数与按普里彻公式［式（6-5）］计算的结果见表6-2。

$$C_s = -0.55 + 0.25\cos\phi + 0.75\cos 2\phi + 0.4\cos 3\phi - 0.05\cos 5\phi \quad (6-3)$$

$$C_s = -0.55 + 0.4\cos\phi + \cos 2\phi + 0.45\cos 3\phi - 0.15\cos 4\phi \quad (6-4)$$

$$C_s = -0.5 + 0.4\cos\phi + 0.8\cos 2\phi + 0.3\cos 3\phi - 0.1\cos 4\phi + 0.05\cos 5\phi \quad (6-5)$$

由表6-2可以看出，利用式（6-5）计算得出的数值与环向风压值关于高径比的变化趋势一致。

表6-2　外侧环向风压系数

ϕ	$H/d \geqslant 25$	$H/d=7$	$H/d=1$	普里彻公式
0	1.0	1.0	1.0	0.95
15°	0.8	0.8	0.8	0.75
30°	0.1	0.1	0.1	0.25
45°	−0.9	−0.8	−0.7	−0.36
60°	−1.9	−1.7	−1.2	−0.95
75°	−2.5	−2.2	−1.5	−1.3
90°	−2.6	−2.2	−1.7	−1.4
105°	−1.9	−1.7	−1.2	−1.18
120°	−0.9	−0.8	−0.7	−0.78
135°	−0.7	−0.6	−0.5	−0.43
150°	−0.6	−0.5	−0.4	−0.35
165°	−0.6	−0.5	−0.4	−0.47
180°	−0.6	−0.5	−0.4	−0.55

6.2　预应力荷载

在有限元软件中，钢筋混凝土结构模型的建立一般有两种方式，即分离式和整体式，对应这两种建模方式有不同的预应力模拟方式。

采用分离式建模时，将混凝土部分和钢筋部分分别考虑。这种建模方式可以考虑钢筋和混凝土之间的粘结滑移，在这种方式下预应力的施加可以采用初始应变法或降温法模拟。初始应变法是给预应力钢筋单元施加一个初始拉力，使预应力钢筋产生预拉作用，放松后预应力钢筋单元产生收缩变形。预应力钢筋的初始应变可按下式计算：

$$\varepsilon_0=\frac{\sigma_p}{EA_p} \tag{6-6}$$

式中 ε_0——预应力钢筋的初始应变；

σ_p——施加的预应力值；

E——预应力钢筋的弹性模量；

A_p——预应力钢筋截面面积。

降温法是在分离式建模的基础上对预应力钢筋施加一个负的温度荷载 T，通过钢筋在温度降低后发生的收缩模拟预应力钢筋张拉后产生的力，再通过混凝土与预应力钢筋单元的耦合将产生的力传递给混凝土。预应力对应的温度变化值可按下式计算：

$$\Delta T=\frac{\sigma}{E\alpha} \tag{6-7}$$

式中 α——预应力钢筋的线膨胀系数。

将罐壁竖向预应力等效为作用在罐壁顶部节点处的集中力，将预应力钢筋等效为环向沿高度随预应力钢筋布置变化的压力。竖向预应力为

$$\sigma_{pa}=\frac{A_y(\sigma_{con}-\sum\sigma_{li})}{s_a} \tag{6-8}$$

式中 σ_{con}——单位长度内的总应力，MPa；

σ_{li}——单根预应力钢筋的应力，MPa，i 表示预应力钢筋根数；

s_a——竖向预应力钢筋的间距，mm。

采用围压法对环向预应力进行等效转化，其等效荷载按下式计算：

$$\sigma_{pb}=\frac{A_y(\sigma_{con}-\sum\sigma_{li})}{s_b} \tag{6-9}$$

式中 A_y——单位长度内所有预应力钢筋的截面面积，mm^2；

s_b——横向预应力钢筋的间距，mm。

6.3 荷载效应组合

结构在服役过程中必然会承受多种荷载，有时还需要考虑荷载的极限状态，包括承载能力极限状态和正常使用极限状态，所以在设计基准期内应当灵活考虑各种荷载组合形式，不仅为了保证建筑结构的安全性，还要考虑经济性与耐用性。关于荷载效应组合，我国与世界其他国家均有严格的规范标准规定。

6.3.1 我国规范对荷载效应组合的规定

我国现行的《建筑结构荷载规范》GB 50009－2012 对荷载效应的组合作出了原则性规定，具体的几种组合方式及表达式规定如下。

对于承载能力极限状态，结构构件承受的荷载应按荷载效应的基本组合或偶然组合确定，可采用以下极限状态设计表达式：

$$\gamma_0 S_d \leqslant R_d \tag{6-10}$$

式中 γ_0——结构重要性系数；

S_d——荷载效应组合的设计值；

R_d——结构构件抗力的设计值，按照相关建筑结构设计规范要求确定。

由永久荷载控制的荷载效应组合设计值，其计算式为

$$S_d = \sum_{j=1}^{m} S_{G_i k}\gamma_{G_i} + \sum_{i=1}^{n} S_{Q_i k}\gamma_{Q_i}\gamma_{L_i}\psi_{c_i} \tag{6-11}$$

由可变荷载控制的荷载效应组合设计值，其计算式为

$$S_d = \sum_{j=1}^{m} S_{G_j k}\gamma_{G_j} + \sum_{i=2}^{n} S_{Q_i k}\gamma_{Q_i}\gamma_{L_i}\psi_{c_i} + \gamma_{L_1}\gamma_{Q_1}S_{Q_1 k} \tag{6-12}$$

对于荷载偶然组合，在承载能力极限状态下荷载效应组合设计值的计算式为

$$S_d = \sum_{j=1}^{m} S_{G_j k} + S_{A_d} + \sum_{i=2}^{n} \psi_{q_i} S_{Q_i k} + \psi_{f_1} S_{Q_1 k} \tag{6-13}$$

式中 γ_{G_j}——第 j 个永久荷载的分项系数；

γ_{Q_i}——第 i 个可变荷载的分项系数，其 γ_{Q_1} 为主导可变荷载 Q_1 的分项系数；

γ_{L_i}——第 i 个可变荷载考虑设计使用年限的调整系数，其中 γ_{L_1} 为主导可变荷载 Q_1 考虑设计使用年限的调整系数；

$S_{G_j k}$——按第 j 个永久荷载标准值 G_{jk} 计算的荷载效应值；

$S_{Q_i k}$——按第 i 个可变荷载标准值 Q_{ik} 计算的荷载效应值，其中 $S_{Q_1 k}$ 为所有可变荷载中起控制作用的一个；

ψ_{c_i}——第 i 个可变荷载 Q_i 的组合值系数；

m——参与组合的永久荷载数；

n——参与组合的可变荷载数；

S_{A_d}——按偶然荷载标准值 A_d 计算的荷载效应值；

ψ_{f_1}——起控制作用的可变荷载的频遇值系数；

ψ_{q_i}——第 i 个可变荷载的准永久值系数。

依据《建筑结构荷载规范》GB 50009－2012，上述各项系数的取值见表 6－3 和表 6－4。

表 6－3　可变荷载组合值系数

荷载	组合值系数	考虑地震作用的组合值系数
风荷载	0.6	0.7
活荷载	0.7	0.6

表 6－4　荷载基本组合的分项系数

荷载组合	永久荷载	其他可变荷载		
		活荷载	风荷载	OBE 作用
可变荷载起控制作用	1.2	1.4	1.4	—
恒荷载起控制作用	1.35	1.4	1.4	—
考虑地震作用时	1.2	—	1.4	1.3

注：OBE 指运行基准地震。

6.3.2　欧洲规范对荷载效应组合的规定

欧洲规范条文中关于极限承载力状态下的荷载效应组合和具体应用的规定可用下式表示：

$$E_d \leqslant R_d \tag{6-14}$$

式中　E_d——极限承载力状态下的荷载效应组合设计值；

R_d——构件的承载能力设计值。

(1) 荷载效应的基本组合工况

该工况下荷载效应组合设计值表达式为

$$E_d = \sum_{j=1} G_{k,j}\gamma_{G,j} + \sum_{i=1} Q_{k,i}\gamma_{Q,i}\psi_{0,i} + \gamma_p F_{ps} + \gamma_{Q,1} Q_{k,1} \quad j \geqslant 1; i > 1 \tag{6-15}$$

式中　$G_{k,j}$——结构承受的永久荷载 j 的标准值；

$Q_{k,i}$——结构承受的可变荷载 i 的标准值；

F_{ps}——预应力荷载的标准值；

$\gamma_{G,j},\gamma_{Q,i},\gamma_p$——永久荷载 j、可变荷载 i 和预应力 F_{ps} 的系数；

$\psi_{Q,i}$——可变荷载 i 的组合值系数。

考虑到不利永久荷载效应的折减，荷载效应的基本组合工况还可以取下式中的较大值：

$$E_d=\sum_{j\geqslant 1}G_{k,j}\gamma_{G,j}+\sum_{i=1}Q_{k,i}\gamma_{Q,i}\psi_{Q,i}+\gamma_p F_{ps}+\gamma_{Q,1}Q_{k,1}\psi_{Q,1}\quad j\geqslant 1,i>1 \tag{6-16}$$

$$E_d=\sum_{j\geqslant 1}G_{k,j}\gamma_{G,j}\xi_j+\sum_{i=1}Q_{k,i}\gamma_{Q,i}\psi_{Q,i}+\gamma_p F_{ps}+\gamma_{Q,1}Q_{k,1}\quad j\geqslant 1,i>1 \tag{6-17}$$

式中　ξ_j——最不利永久荷载的折减系数。

(2) 地震作用下的荷载组合工况

该工况下荷载效应组合设计值表达式如下。

当地震作用为运行基准地震（OBE）时，有

$$E_d=\sum_{j\geqslant 1}G_{k,j}+\sum_{i>1}Q_{k,i}\psi_{2,i}+F_{ps}+A_{E_d}\quad j\geqslant 1,i>1 \tag{6-18}$$

式中　A_{E_d}——地震作用。

当地震作用为安全停堆地震（SSE）时，有

$$E_d=\sum_{j\geqslant 1}G_{k,j}\gamma_{G,j}+\sum_{j\geqslant 1}Q_{k,j}\gamma_{Q,j}\psi_{0,j}+\gamma_p F_{ps}+A_{E_d}\gamma_{E_d}\quad j\geqslant 1 \tag{6-19}$$

式中　γ_{E_d}——罕遇地震作用的荷载系数。

(3) 荷载相关系数的取值

各荷载系数的取值可参考欧洲规范 EN 1990，见表 6-5 和表 6-6。

表 6-5　可变荷载组合值系数

荷载	可变荷载 $\psi_{0,i}$ 的组合值系数	可变荷载 $\psi_{2,i}$ 的组合值系数
风荷载	0.6	0
活荷载	0	0

表 6-6　基本组合的荷载系数

荷载组合	永久荷载		主导可变荷载	其他可变荷载		
	不利	有利	三者之一	活荷载	风荷载	OBE 作用
式 (6-16)	1.35	1.0	—	1.5	1.5	—

续表

荷载组合	永久荷载		主导可变荷载	其他可变荷载		
	不利	有利	三者之一	活荷载	风荷载	OBE作用
式（6-15）、式（6-17）	1.35	1.0	1.5	1.5	—	—
式（6-18）	1.0	1.0	—	1.0	1.0	1.0

6.4 地震荷载

对于一般的结构，可采用振型分解反应谱法计算地震作用效应；对于特殊的结构，为确保结构在地震作用下安全，宜采用反应谱法进行补充计算。反应谱法是将线性系统的模态分析结果与已知的响应谱联系起来，进行模态叠加分析，并对结果采用组合方法，最终求得系统对荷载的动力响应的分析方法，适用于地震响应分析。

进行反应谱分析时，首先需要定义频谱，然后确定参与系数、模态系数及模态组合方式。频谱是用来描述系统对激励响应的曲线。采用反应谱法可得到系统在各阶模态的响应，但实际上各阶模态之间存在耦合效应，并不是简单的叠加关系。

本书介绍两种模态响应谱组合方法，即平方和开方根（SRSS）组合、完整二次方（CQC）组合，其具体表达式为

SRSS组合公式

$$R_{\mathrm{mcs}} \approx \sqrt{\sum_{n=1}^{N} R_n^2} \tag{6-20}$$

CQC组合公式

$$R_{\mathrm{mc}} \approx \sqrt{\sum_{n=1}^{N} \sum_{n=1}^{N} R_n a_{mn} R_m} \tag{6-21}$$

《建筑抗震设计规范》GB 50011—2010对大跨度建筑结构的抗震计算作出了明确的规定：对于跨度较大或者体型复杂的结构，可采用时程分析法或多向地震反应谱对结构进行补充计算。图6-1所示为地震响应系数曲线。

图6-1中，α为地震影响系数；$\alpha_{\max}$为最大地震影响系数；T为结构的自振周期；T_g为特征周期；η_1为曲线下降段斜率调整系数；η_2为阻尼调整系数；γ为衰减系数。

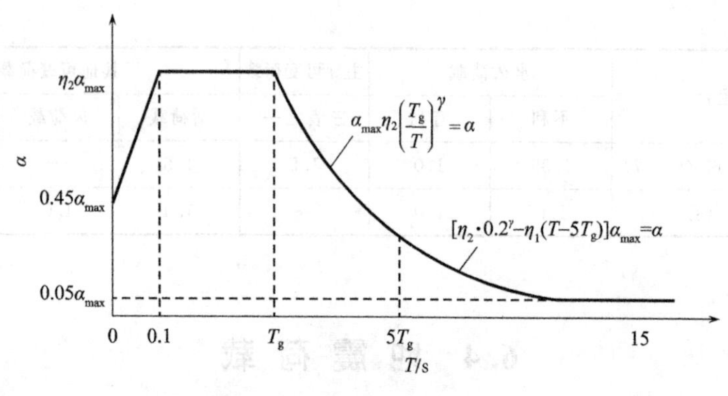

图 6-1　地震影响系数曲线

6.5　有限元分析实例

LNG 储罐通常为全容式密封的中大型低温常压储罐，内罐一般采用高强 9% Ni 钢，外罐多采用高强预应力混凝土结构。外罐包括罐壁、罐顶板和外罐底板共三部分，本节只对整个内罐壁结构进行有限元模拟及分析，并采用国际单位制单位，即力场单位为 N，质量单位为 kg，长度单位为 m，时间单位为 s，温度单位为℃，加速度单位为 m/s^2，弹性模量单位为 Pa，应力单位为 N/m^2。

以某 LNG 储罐为例，采用简化模型，外罐直径为 82m，罐壁厚度为 800mm，内衬高度为 38.5m，内衬厚度为 3.5mm；罐壁厚度为 0.8m，密度为 $2500kg/m^3$，弹性模量取 34.5GPa，泊松比取 0.2；边界条件为底部固结。建立的有限元模型如图 6-2 和图 6-3 所示，图 6-4 为装配图。

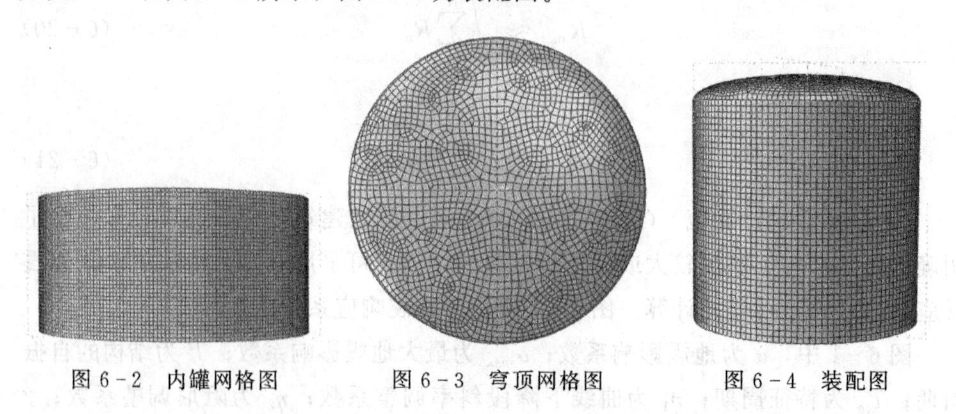

图 6-2　内罐网格图　　图 6-3　穹顶网格图　　图 6-4　装配图

为简化模型，内罐设置为薄壳结构。取前五阶模态对内罐进行屈曲分析，如图 6-5～图 6-7 所示。

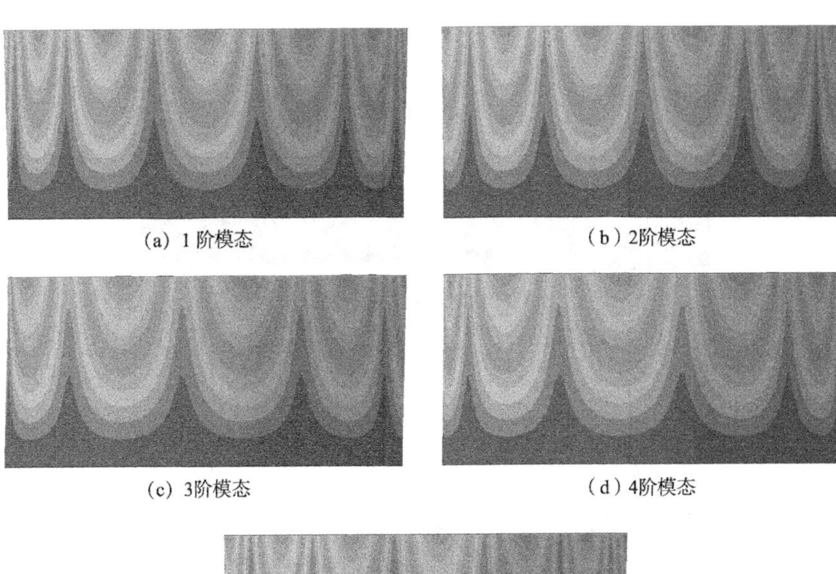

(a) 1 阶模态　　(b) 2阶模态

(c) 3阶模态　　(d) 4阶模态

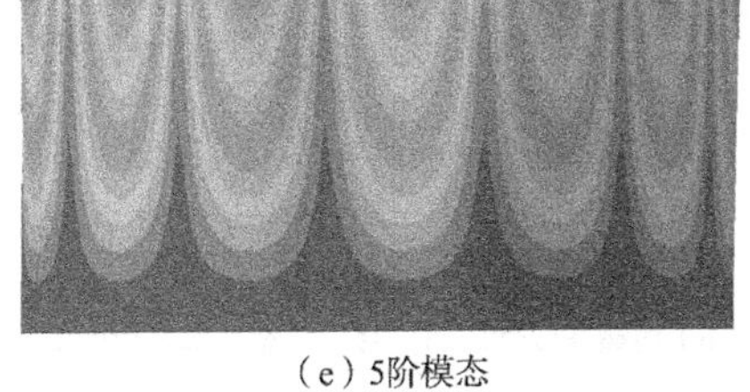

(e) 5阶模态

图 6－5　内罐前五阶模态屈曲图

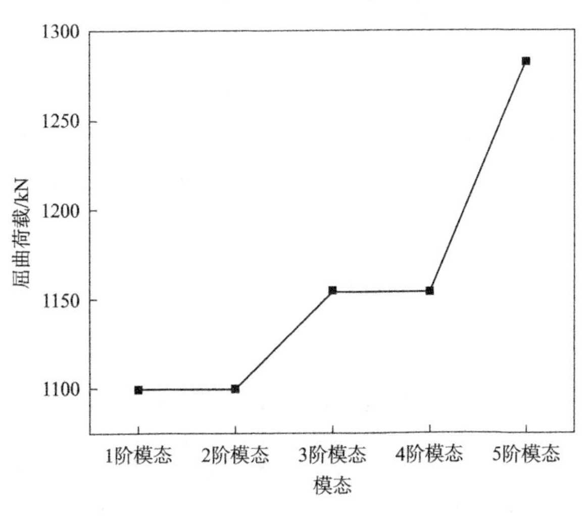

图 6－6　内罐前五阶模态屈曲荷载

（a）内罐非线性屈曲分析

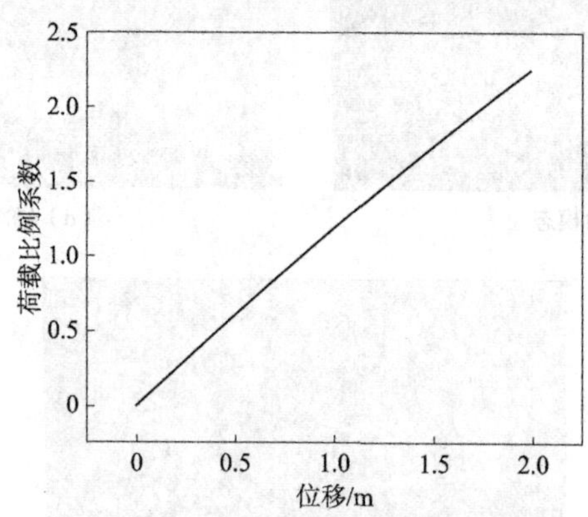

（b）内罐非线性屈曲位移与荷载比例系数的关系

图 6-7　内罐非线性屈曲分析

基本风压取为 2.64kN/m²，内罐应力、位移和应变分布如图 6-8～图 6-10 所示。

内罐应力的最大值为 0.17MPa，为受压状态。由于边界条件为底部固结，应力最大值主要集中在外罐底部，3m 以上罐体基本呈受压状态，且最大压应力均未超过混凝土抗压强度设计值，储罐受力性能良好。储罐整体应力、应变分布和位移如图 6-11～图 6-13 所示。

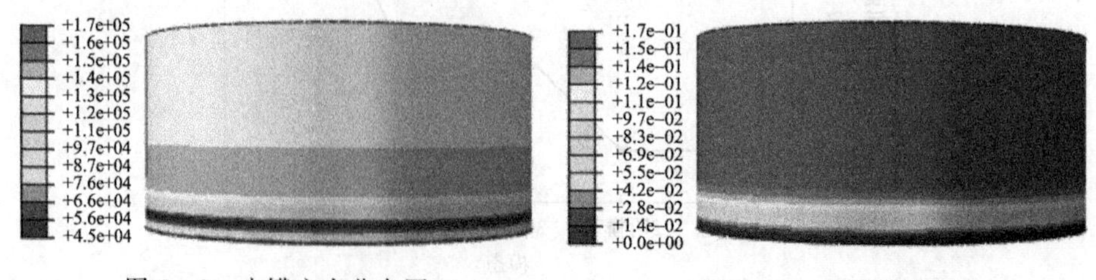

图 6-8　内罐应力分布图　　　　图 6-9　内罐位移图

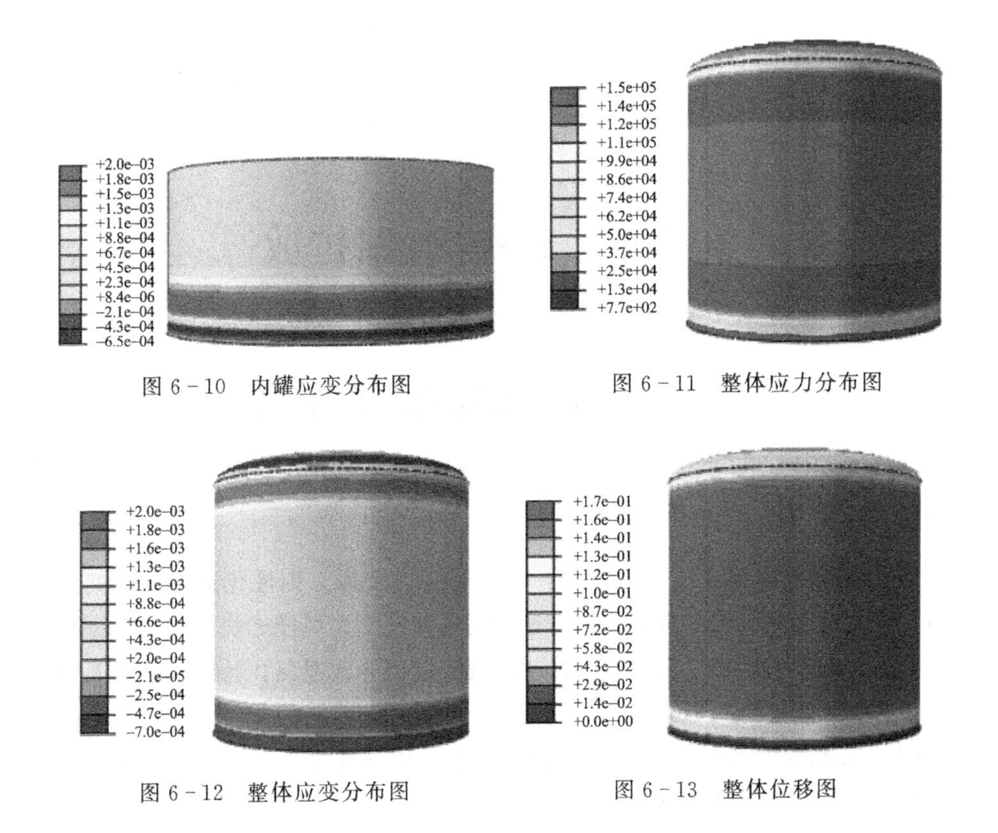

图 6－10　内罐应变分布图

图 6－11　整体应力分布图

图 6－12　整体应变分布图

图 6－13　整体位移图

由以上分析结果可知，内罐与穹顶在受到外部均匀荷载作用时，除固定处产生应力集中以外，整个罐体受力变化均匀。

第7章 LNG泄漏扩散

7.1 LNG储罐泄漏扩散方式

7.1.1 泄漏方式

LNG储罐的泄漏方式分为两种：一种是瞬时泄漏，即液化天然气瞬间流出储罐，泄漏后迅速大面积蒸发扩散，遇到明火即发生大规模燃烧爆炸；另一种是持续泄漏，由于储罐某个部位被腐蚀或出现裂缝而导致泄漏，持续时间较长，危害重大。

LNG储罐泄漏源的泄漏速率和物理状态由泄漏孔位置、孔径、罐内压力等因素决定，根据泄漏位置确定泄漏源的情况。

罐体内下部是液体而上部是气体，储罐填充状态不同，从而影响泄漏后的状态。一般界定储罐内为高压填充储存则为高填充储罐，为低压或常压储存则为低填充储罐。

影响LNG储罐泄漏方式的因素有很多，包括罐内压力、LNG储存状态、孔径大小等。对于高填充储罐来说，储罐一旦出现裂缝，内部高压致使泄漏的LNG以较大速率喷射而出，完全闪蒸为蒸气云团；而对于低填充储罐，如果出现裂缝，一般会发生持续泄漏，泄漏孔的大小、位置不同，泄漏状态也有区别。

7.1.2 扩散方式

液化天然气在泄漏后的扩散过程中同时存在两种扩散方式：一种是瞬时泄漏源的扩散，液化天然气泄漏后立即发生闪蒸，形成气体扩散到空气中；另一种是连续泄漏源的扩散，液化天然气内部储存的热量较少，液体不能全部蒸发成气体，此时泄漏的液化天然气以泄漏点为中心向四周流淌，形成液池，液体经过与地面的热量交换及与空气的对流换热慢慢蒸发为气体扩散到空气中。

7.1.3 泄漏扩散过程分析

LNG 的泄漏过程相对复杂，再加上 LNG 本身的性质，一般情况下不能达到完全闪蒸，液相 LNG、气相 LNG 会和空气混合，形成密度高于空气的重气云团，部分 LNG 在地面不断聚积，形成液池。LNG 的扩散一般分为两类，即重气扩散和无重气扩散，根据泄漏气云的密度确定。重气扩散是泄漏时产生的气云密度比空气密度高时的扩散形式，在泄漏后因重力还会出现向下沉降的情况。无重气扩散是气云密度比空气低或与空气密度相当时的扩散形式。

当 LNG 从储罐泄漏时，由于其密度远远超过气流，LNG 会吸收大量热能进行闪蒸。闪蒸后 LNG 会变成温度较低而分子密度很大的气体，使其周围空气温度下降并有小液滴流出，从而产生分子密度很大的气、液滴流动混合二相云团。云团在引力作用下产生沉降并贴近地表扩散。随着大气湍流的移动，大批的气流被卷吸到云团内，云团又不断和大气、地表交换热能。LNG 的泄漏扩散过程大致包括四个阶段，如图 7-1 所示。

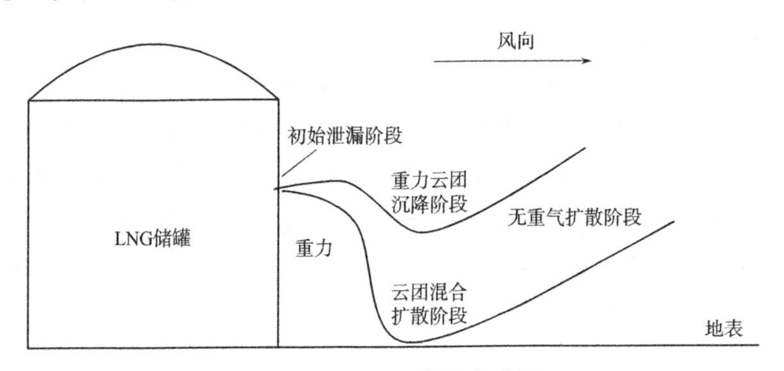

图 7-1 LNG 泄漏扩散过程

(1) 初始泄漏阶段

由于 LNG 泄漏状况复杂多变，不同的泄漏形式决定了不同的云团形状。LNG 泄漏后迅速吸收周围空气中的热量进行蒸发相变，降低了附近空气的温度，云团会作为一个整体在大气中传播，垂直喷射云团会提升至最大高度，然后扩散。

(2) 重力云团沉降阶段

混合云团在下沉时不断吸收外部热量，导致气云内部浓度不均，浓度场不断变化，极易产生湍流。同时，云团相对周围空气浓度较高，导致气云周围出现漩涡。这使得空气被卷吸进入云团内部，导致云团浓度逐渐降低，大气湍流作用比重气效应弱。

（3）云团混合扩散阶段

混合云团不断和大气混合，二者互相传递热量，云团温度慢慢降低，云团浓度逐渐降低。随着气温的不断上升，云团不断扩大。此时，大气湍流作用增强，重力效应则减小。

（4）无重气扩散阶段

云团进一步和大气混合，进一步被稀释，密度进一步降低，直至比空气密度低，气云的运动完全依赖于大气湍流。由于存在密度差，气云受空气浮力作用向上部空间扩散。

7.1.4 泄漏形式

在LNG储存过程中，储罐内一般都会留存一定气相空间，因此储罐内一般会同时存在气相与液相两种物质状态。当LNG储罐发生破裂而导致泄漏时，由于破损的位置和泄漏口大小等不同，会出现不同的泄漏物质状态，其中液相、气相、气液两相是三种主要的状态。当高填充的储罐出现破裂时，若发生瞬时泄漏，储罐会产生巨大裂痕，LNG全部闪蒸为气体，引起严重后果。低填充的储罐气相空间位置受到外力破坏而产生孔洞时，由于孔洞面积相对于储罐的横截面面积较小，罐内气体便会从孔洞喷出而引起小孔连续气相泄漏。低填充的储罐液相空间位置受到外力破坏而产生孔洞时，LNG将与空气接触并传递热量，出现过热沸腾状态。若液体的热量满足完全闪蒸需要的热量，LNG就会闪蒸为气态，形成气相泄漏；若其热量不满足完全闪蒸需要的热量，LNG会部分闪蒸，剩下的液体形成液池，造成气液两相泄漏。

7.2 影响LNG泄漏扩散的关键因素

7.2.1 气象环境

气象环境对LNG的泄漏和扩散有着重要的影响，包括风速、空气温度和湿度、太阳辐射等。

（1）风

当LNG泄漏时，环境中的风会对LNG的扩散产生影响，具体表现在风速、风向和湍流三个方面。风速较小时，空气会分层流动，各流动层之间不会有很大干扰，这种情况称为稳流；若风速增大，各流动层之间的干扰会加剧，并引起波动，这种情况称为过渡流；若风速持续增大到一定水平，各层的干扰引起的波动

会导致空气向各个方向流动，形成漩涡，这种情况称为湍流。大气湍流有利于LNG的扩散，湍流程度越高，LNG的扩散范围越大、扩散速度越快。

（2）大气环境

空气密度影响气云扩散，决定气云扩散处于重力云团沉降阶段还是无重气扩散阶段。空气湿度较大时，空气中的水分会因云团的低温而雾化，增大气云密度。虽然较高的环境温度利于LNG蒸发，但由于LNG的超低温特性，加上大部分LNG接收站建于沿海地区，环境温度的变化对于LNG来说幅度仍然非常小，气云扩散情况难以确定。

（3）太阳辐射

太阳辐射强度会对LNG的泄漏产生直接或间接的影响。太阳辐射强时，空气温度升高，会加剧LNG的扩散。当太阳照射地球时，地球表面的温度升高很快，随着高度上升，空气温度下降，导致大气处在温度不均衡、不稳定的状态，使得LNG有较好的扩散条件。当吸收了大量太阳辐射的热能之后，地表就会以长波射线的形式向外进行热辐射，从而引起空气温度的上升，大气环境逐渐恢复平稳状态，不利于泄漏气体的扩散。

7.2.2 地理环境

地理环境也影响着LNG的泄漏和扩散，具体表现为地表的粗糙度和地形地势在宏观上对LNG的泄漏和扩散产生影响。

地球上的环境和地理状况是极其复杂的，即使在城市中也会有高低不一、分布密度不同的高楼大厦等地理环境。LNG在扩散时由于气体与地表的摩擦程度不同，LNG泄漏和扩散的速度和方向也会有所差异。例如，在比较光滑的地表泄漏时，LNG气体扩散的方向和速度比较稳定和均衡；若遇到粗糙的地表环境，LNG气体可能产生聚集，浓度升高。

7.3 液相连续泄漏分析

液化天然气储罐的液相连续泄漏在储罐泄漏事故中比较常见，下面将对液相泄漏过程中的泄漏速率、液池形成及液池蒸发等进行分析。

7.3.1 LNG储罐泄漏速率

当LNG储罐泄漏时，泄漏速率 v_L 为

$$v_L = C_d A_{le} \rho_L \sqrt{2gH_{hd} + \frac{2(P_k - P_0)}{\rho_L}} - \frac{\rho_L g C_d^2 A_{le}}{A_{ks}} t_{le} \tag{7-1}$$

式中 v_L——液化天然气的泄漏速率，kg/s；

C_d——泄漏系数；

A_{le}——泄漏孔的面积，m^2；

A_{ks}——液化天然气储罐的横截面面积，m^2；

ρ_L——液化天然气的密度，kg/m^3；

g——重力加速度，取 $9.8m/s^2$；

H_{hd}——泄漏孔与液面的高度差，m；

P_k——储罐内的压力，Pa；

P_0——大气压力，Pa；

t_{le}——泄漏扩散的时间，s。

液化天然气泄漏过程中的泄漏系数 C_d 的取值见表 7-1。

表 7-1 泄漏系数 C_d 的取值

泄漏口形状	雷诺数 $Re>100$	雷诺数 $Re\leq100$
圆形	0.65	0.5
长方形	0.55	0.4
三角形	0.60	0.45

由于泄漏孔的面积远远小于 LNG 储罐的横截面面积，所以式（7-1）中右侧第二项可以忽略不计，则式（7-1）转化为

$$v_L = C_d A_{le} \rho_L \sqrt{2gH_{hd} + \frac{2(P_k - P_0)}{\rho_L}} \tag{7-2}$$

可见，泄漏速率与泄漏孔面积成正比。

7.3.2 液化天然气泄漏过程中闪蒸的计算

在液化天然气泄漏的过程中，由于液相持续泄漏，一部分液化天然气直接闪蒸到空气中，另一部分流淌到地面，形成液池，向四周流动。为了计算后一部分液化天然气的扩散状况，需要计算直接闪蒸到空气中的液体占总泄漏量的比例，可表示为

$$F_{vap} = \frac{C_P(T - T_e)}{\Delta H_{vap}} \tag{7-3}$$

式中 F_{vap}——直接闪蒸液体与总泄漏量的比值；

T——泄漏前的温度，K；

T_e——液化天然气的沸点，K；

C_P——液化天然气的比热容，J/(kg·K)；

ΔH_{vap}——汽化潜热，J/kg。

F_{vap} 的大小与液体泄漏情况的关系见表 7-2。

表 7-2 F_{vap} 的大小与液体泄漏情况的关系

F_{vap} 值	液体泄漏情况	F_{vap} 值	液体泄漏情况
$F_{vap}=0$	不闪蒸，形成液池	$0.2 \leqslant F_{vap} < 1$	无液体形成液池
$F_{vap}=0.1$	一半液体闪蒸，一半液体形成液池	$F_{vap} \geqslant 1$	无液体形成液池，完全闪蒸
$0.1 < F_{vap} < 0.2$	F_{vap} 的值与液体闪蒸成正相关关系	—	—

闪蒸对于液化天然气的泄漏速率影响很大，由于形成重气扩散，闪蒸时会在液体中产生大量气泡，气泡接触空气后破裂。因此，在液化天然气泄漏过程中发生的部分闪蒸可通过两相流泄漏公式计算：

$$v_L = C_d A_{le} \sqrt{\frac{2\rho_2 \rho_L (P_k - P_e)}{\rho_2 + F_{vap}(\rho_L - \rho_2)}} \tag{7-4}$$

式中 C_d——泄漏系数，取 0.8；

ρ_2——天然气蒸汽团的密度，kg/m^3；

P_e——临界压力，Pa，一般可取 $P_e = 0.55P_k$。

7.3.3 液化天然气泄漏后形成的液池半径和液池蒸发速率

1. 液池半径

当液化天然气泄漏时，液体在接触地面后以泄漏位置为中心向四周蔓延，最终形成液池。液池半径可通过下式计算，即

$$r(t) = \left\{ \frac{t_{le}}{\sqrt[3]{\dfrac{9\pi\rho_L}{32gQ_f}}} \right\}^{\frac{3}{4}} \tag{7-5}$$

式中 Q_f——液池中液体的质量流量，kg/s。

在考虑液化天然气泄漏过程中闪蒸的情况下，要减去闪蒸带走的液化天然气量，此时液化天然气的泄漏速率 v_L 为

$$v_L = C_d A_{le} \sqrt{\frac{2\rho_2 \rho_L (P_k - P_e) F_{vap}}{\rho_2 + F_{vap}(\rho_L - \rho_2)}} \tag{7-6}$$

由式（7－4）和式（7－5）可知，液化天然气泄漏后形成的液池半径与液化天然气的泄漏量和泄漏时间有关。

2. 液池蒸发速率

天然气泄漏到地面形成液池后，由于地面的热传导、流动过程中的对流换热等因素，液池中的液化天然气不断蒸发，变成气态的天然气扩散到大气中。

（1）地面热传导

液化天然气泄漏到地面后，由于地表温度与液化天然气的温度存在差异，二者经过热量的传递达到共温，液化天然气由于温度升高开始蒸发，蒸发量为

$$Q_e=\frac{\lambda A_{lef}(T_0-T_{bp})}{\Delta H_{vap}\sqrt{\pi\alpha_{td}t_e}} \tag{7-7}$$

式中 Q_e——蒸发量，kg/s；

λ——导热系数，J/(m·s·K)；

T_0——大气温度，K；

T_{bp}——液化天然气的沸点，K；

A_{lef}——泄漏形成的液池的面积，m^2；

α_{td}——热扩散系数，m^2/s；

t_e——蒸发时间，s。

不同材质的地面具有不同的导热系数和热扩散系数，导致液池的蒸发速率不同。不同地面的热传导参数见表7－3。

表7－3 不同地面的热传导参数

地面材质或状况	正常土地	干燥土地	砂砾地	水泥地面	湿地
λ/[J/(m·s·K)]	0.9	0.3	2.5	1.1	0.6
α_{td}/（m^2/s）	4.3	2.3	11.0	1.29	3.3

（2）流动过程中的对流换热

液化天然气流到地面上，液体的各个部位发生相对位移，冷热液体进行热量的传递，根据流体力学和传热学的知识可知，流体对流换热的传热速率与流体所处的流动状态有关。根据牛顿冷却定律，液化天然气对流换热过程中的传热速率为

$$q_v=h_{tcc}\cdot A_{lef}\cdot\Delta T \tag{7-8}$$

式中 h_{tcc}——对流传热系数，$W/(m^2\cdot s)$；

q_v——传热速率，W；

ΔT——温度梯度，K。

根据液化天然气在地面不同的流动状态，可将其分为层流流动和湍流流动计算。

当液化天然气为层流流动时：

$$h_{tcc}=0.664\frac{\lambda}{L}Re^{\frac{1}{2}}Pr^{\frac{1}{3}} \tag{7-9}$$

$$Nu=0.664Re^{\frac{1}{2}}Pr^{\frac{1}{3}} \tag{7-10}$$

当液化天然气为湍流流动时：

$$h_{tcc}=0.0365\frac{\lambda}{L}Re^{\frac{4}{5}}Pr^{\frac{1}{3}} \tag{7-11}$$

$$Nu=0.0365Re^{\frac{4}{5}}Pr^{\frac{1}{3}} \tag{7-12}$$

以上式中　Nu——努赛尔数；

Re——雷诺数；

L——液池长度；

Pr——普朗特数。

由于式（7－9）～式（7－12）是在理想状态下的流动方程，实际的液化天然气流动与理想状态相比有偏差，所以将边界层内的平均导热系数加入上述方程中进行拟合改进，可以得到改进后的液化天然气在湍流流动中的计算公式：

$$h_{tcc}=0.0365\frac{\lambda}{L}Pr^{\frac{1}{3}}(Re^{\frac{4}{5}}-Re_{xc}^{\frac{4}{5}}+18.19Re_{xc}^{\frac{1}{2}}) \tag{7-13}$$

$$Nu=0.0365Pr^{\frac{1}{3}}(Re^{\frac{4}{5}}-Re_{xc}^{\frac{4}{5}}+18.19Re_{xc}^{\frac{1}{2}}) \tag{7-14}$$

以上式中　Re_{xc}——拟合后的雷诺数。

由以上公式得到液池中液化天然气的传热速率为

$$q_v=\frac{\lambda NuA_{lef}(T-T_0)}{L} \tag{7-15}$$

综上所述，液化天然气流动过程中的对流换热引起的液体蒸发速率为

$$v_R=\frac{\lambda NuA_{lef}(T-T_0)}{HL} \tag{7-16}$$

根据地面热传导和液化天然气流动过程中的对流换热计算出液体蒸发速率，可以得到液化天然气泄漏过程中总的蒸发速率为

$$v_R=\frac{\lambda NuA_{lef}(T-T_0)}{\Delta H_{vap}L}+\frac{\lambda A_{lef}(T-T_0)}{\Delta H_{vap}\sqrt{\pi a t}} \tag{7-17}$$

因此，液池的蒸发速率与地表的材质、面积、环境温度及液体的流动状态有关。

7.4 LNG 储罐区泄漏事故后果及预防

在对 LNG 储罐进行卸载时，受温度、压力等影响，储罐内的 LNG 与新输入的 LNG 密度不同，二者之间会出现热量与质量的传递，在这个过程中可能会发生蒸发相变，使储罐出现翻滚现象，此时罐内压力会迅速升高，甚至压力值超过储罐的强度极限。虽然 LNG 储罐内部发生爆炸的危险较小，但受分层及翻滚等现象的影响，一旦储罐保温层被破坏，内部 LNG 受热气化，储罐压力将远超设计压力。储罐压力过大易使储罐发生变形，甚至出现裂缝，造成 LNG 泄漏，内部压力降低。若储罐内部相平衡被破坏，储罐内的 LNG 易过热急剧沸腾，冲击罐壁，使得裂缝扩展，可能发生沸腾液体膨胀导致的蒸气爆炸。储罐发生泄漏后，LNG 从周围空气中吸收热量气化，如果云团的浓度在爆炸极限内，极易发生蒸气云爆炸。LNG 储罐泄漏扩散后形成的天然气气云达到甲烷的爆炸极限后具有极高的燃爆性，遇点火源会发生极其强烈的燃烧爆炸反应，造成严重的财产损失和人员伤亡。尤其是当储罐区周围有泄漏的天然气时，一旦燃烧爆炸，后果不堪设想。

（1）泄漏事故原因

除不可避免的自然灾害外，材料缺陷、外部荷载、焊接缺陷、附件失效等对储罐的影响最大，其次为压力控制装置失效，再次为 LNG 分层导致翻滚、漏热导致 LNG 蒸发、大气压下降、快速排液或抽气、注入低温液体，最后为压力安全阀失效、超压报警装置故障、操作员未理会超压报警。

（2）泄漏事故后果

LNG 储罐发生泄漏时如果立即点燃，会发生爆炸或喷射火；若没有立即点燃，形成液池后会发生池火；如果未发生池火，LNG 扩散后可能会发生闪火或蒸气云爆炸；若未发生扩散，则不会造成火灾危险。由此可见，LNG 储罐泄漏后可能发生的事故类型有闪火、池火、喷射火等。闪火是泄漏点的天然气经过一段时间的扩散与空气混合后遇到火源发生火灾。闪火不剧烈，不造成冲击波损害，但可能迅速蔓延至整个接收站区域。池火是大量 LNG 泄漏之后形成液池，液池与空气和地面换热，一部分 LNG 蒸发，遇到火源发生火焰回燃形成的。喷射火是由于储罐或附属设施中压力较大，在泄漏口处形成气体喷射物，与空气混合后遇火源发生的火灾。

（3）泄漏防范措施

根据泄漏原因及后果分析，总结出以下几种防范措施。

1）工艺设备。养成定期对工艺设备进行维修保养的习惯，并记录其日常使用情况，及时、及早发现相关问题并迅速上报。LNG 储罐及其他工艺设备的设计应符合《液化天然气（LNG）生产、储存和装运》GB/T 20368－2021 的要求，采用耐低温材料，并且在储罐内设置液位和压力监测报警装置，一旦液位或压力超出允许范围，立即发出警报并自动切断电源。

2）消防系统。消防系统的建立是工业设备安全建设的第一关，应根据《石油天然气工程设计防火规范》GB 50183－2015 的规定设置消防系统，不同位置根据需要配备不同的灭火装置，如 LNG 储罐罐顶区域应设置消防水喷淋系统，安全阀平台区域设置干粉灭火系统，集液池周围设置高倍数泡沫灭火系统，并在最有可能发生泄漏的位置布置火焰探测器和低温探测器等。

3）安全管理。加强安全设施、消防设施及报警装置的日常维护与定期检查。为预防火灾爆炸事故，应从以下几个方面着手：

① 火灾发生时，及时疏散相关人员。火情较小时可采用灭火器等灭火工具进行扑灭；火情较大时切断相关设备电源，防止造成进一步破坏，及时拨打消防电话，向消防人员及时、完整地介绍火场情况，并听从消防人员的安排。

② 杜绝火源。

③ 制订应急预案。

7.5　有限元分析

7.5.1　相关理论计算公式

天然气在泄漏扩散过程中遵循流体运动普遍遵循的守恒定律，即质量守恒定律、动量守恒定律和能量守恒定律，由此推导出其对应的连续性方程、动量方程和能量方程，以及气体状态方程、组分运输方程。

根据质量守恒定律，连续性方程为

$$\frac{\partial \rho_{\mathrm{fl}}}{\partial t}+\frac{\partial(\rho u_i)}{\partial x_i}=0 \tag{7-18}$$

式中　ρ_{fl}——流体密度，$\mathrm{kg/m^3}$；

u_i——流体在 x、y 方向的流速，m/s。

根据动量守恒定律，动量方程为

$$\rho\left(\frac{\partial u_i}{\partial t}+u\nabla u\right)=-\nabla P_{\mathrm{in}}+\mu_{\mathrm{dy}}\nabla^2 u_{\mathrm{dy}}+\rho f \tag{7-19}$$

式中 f——单位质量力矢量，m/s^2；
u——流体的速度，m/s；
μ_{dy}——动力黏度；
P_{in}——流体微元上的压力，Pa。

根据能量守恒定律，能量方程为

$$\frac{\partial(\rho E_{in})}{\partial t}+\nabla[u_i(\rho E_{in}+P_{in})]=\nabla\left[\left(k_{eff}+\frac{c_p\mu_t}{Pr_t}\right)\frac{\partial T}{\partial x_j}+u_i(T_{ij})_{eff}\right] \tag{7-20}$$

式中 E_{in}——流体微团总能，J；
k_{eff}——有效传导系数，cm^2/kg；
c_p——定压比热容；
μ_t——湍流黏度；
Pr_t——湍流普朗特数；
T——流场温度，K；
$(T_{ij})_{eff}$——有效偏应力张量。

气体状态方程的表达式为

$$P_{ab}V_f=Z_{com}R_{gc}T_{tem} \tag{7-21}$$

式中 P_{ab}——绝对压力，Pa；
V_f——气体体积，m^3；
Z_{com}——气体压缩因子；
R_{gc}——气体常数，J/(kmol·K)；
T_{tem}——热力学温度，K。

组分运输方程的表达式为

$$\frac{\partial}{\partial t}(\rho Y_i)+\nabla(\rho v Y_i)=-\nabla J_i \tag{7-22}$$

式中 Y_i——第 i 种物质的质量分数，无量纲；
v——速度矢量，m/s；
J_i——湍流中第 i 种物质的速率，m/s。

7.5.2 实例计算

(1) 罐的泄漏

泄漏点高度为 10m 的 LNG 储罐泄漏扩散过程如图 7－2 所示。

泄漏点高度为 20m 的 LNG 储罐泄漏扩散过程如图 7－3 所示。

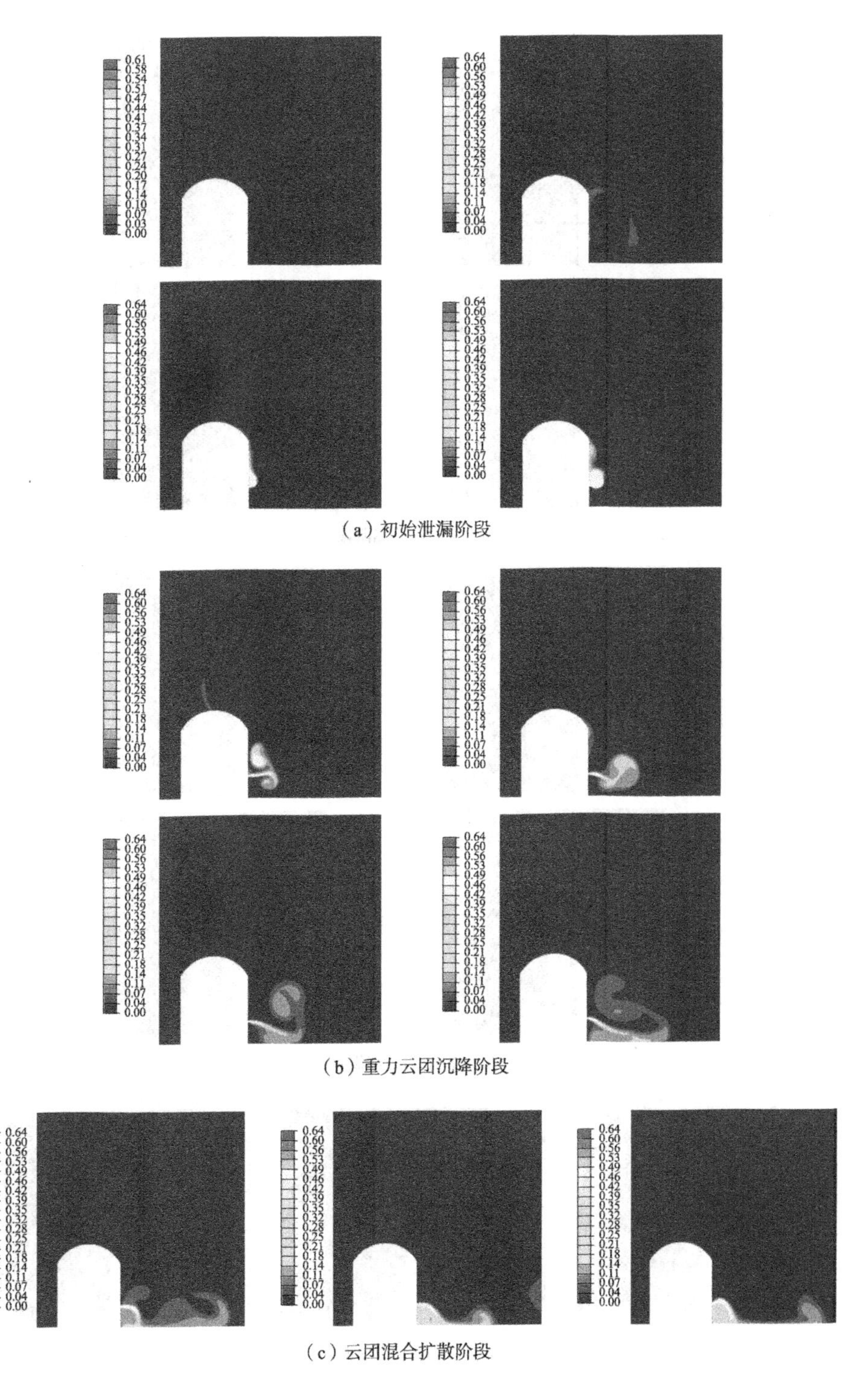

图7－2　泄漏点高度为10m的LNG储罐泄漏扩散过程

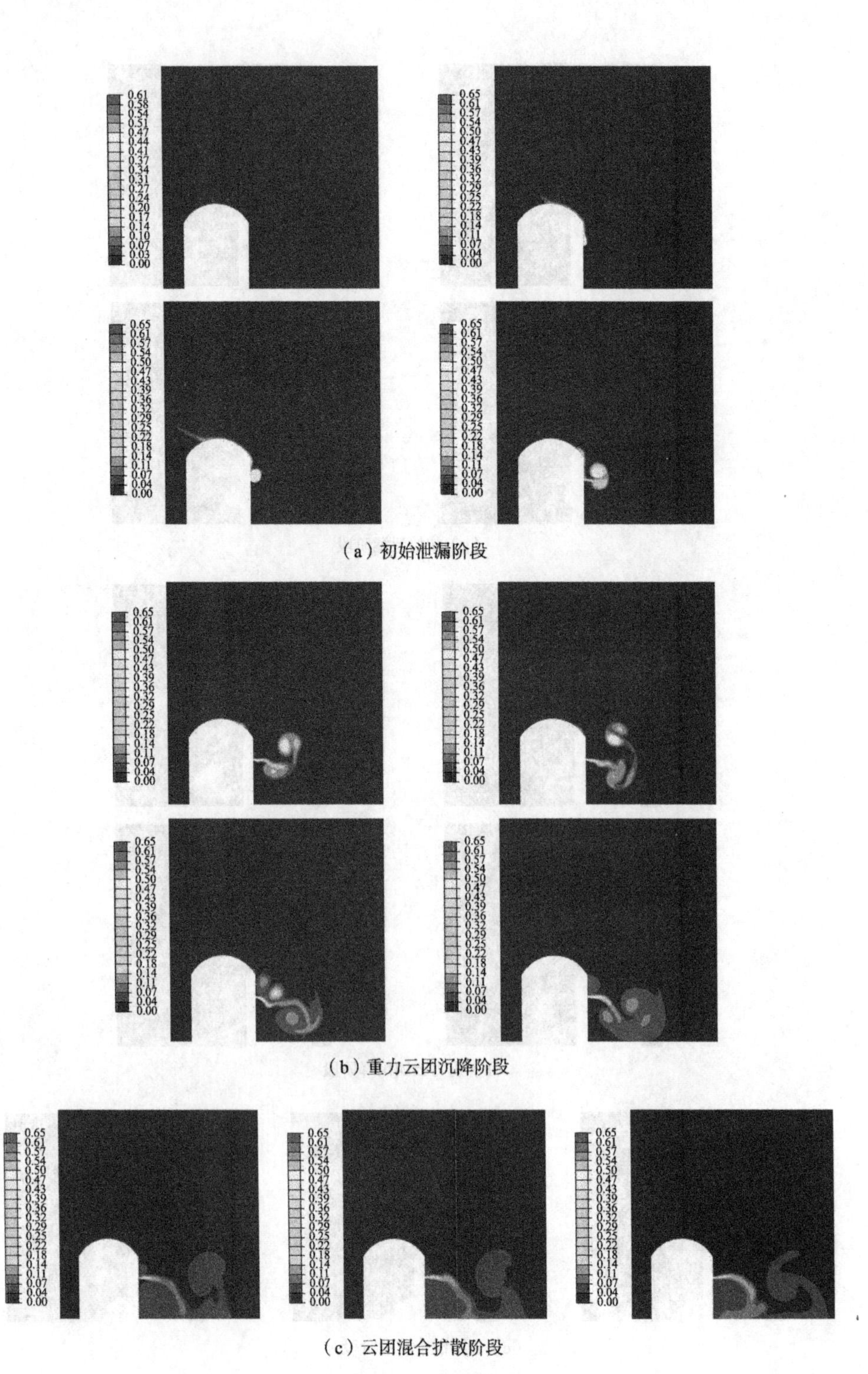

(a) 初始泄漏阶段

(b) 重力云团沉降阶段

(c) 云团混合扩散阶段

图 7-3 泄漏点高度为 20m 的 LNG 储罐泄漏扩散过程

天然气从储罐泄漏后，会在泄漏点慢慢聚集并缓慢上升，随后气体聚在一起形成云团，云团继续与大气混合，相互传导热量，云团逐渐被稀释，浓度逐渐降低，温度继续升高，云团持续扩散。随后，在重力的作用下，气体逐渐向下扩散，部分气体由于受到阻挡反向扩散。云团继续与大气混合，进一步被稀释，密度继续减小，直至比空气轻，气云的运动完全依赖于大气湍流。由于存在密度差，气云受空气浮力作用向上部空间扩散。

（2）管道泄漏

无障碍管道泄漏气体扩散过程如图 7－4 所示。

障碍物高度为 10m 的管道泄漏气体扩散过程如图 7－5 所示。

天然气从管道泄漏后会在泄漏点缓慢上升，由于重力原因，气体聚在一起形成云团，扩散趋势受到阻碍，部分气体由于阻挡作用反向扩散，因为管道的泄漏气体受泄漏点压力的影响，云团逐渐上升并向高处扩散，最后气体呈近似直线状不断向高处扩散。附近存在障碍物时，天然气扩散趋势因受到阻碍而改变，部分气体由于阻挡作用反向扩散，其他气体则沿障碍物越过阻碍物顶部向高空扩散。由于阻碍物两侧存在浓度差，近泄漏点侧天然气浓度较高，易发生事故。疏散时应远离障碍物两侧，避免发生爆炸事故。障碍物会阻挡泄漏天然气的扩散，阻力会改变泄漏的气体运动的方向，天然气在浮力和风力的推动下扩散。障碍物的高度决定了天然气扩散高度峰值，气体在垂直方向扩散的高度峰值与障碍物的高度成正比。

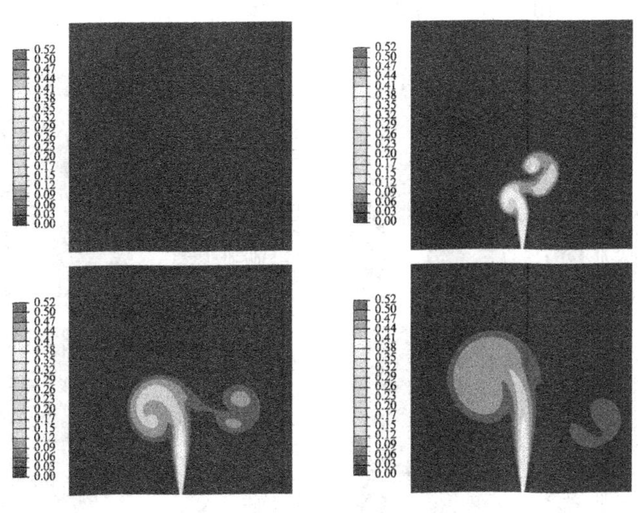

(a) 初始泄漏阶段

图 7－4　无障碍管道泄漏气体扩散过程

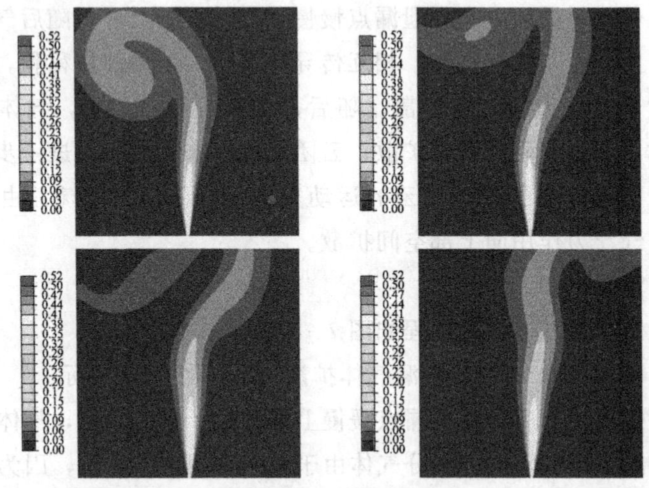

（b）重力云团沉降阶段

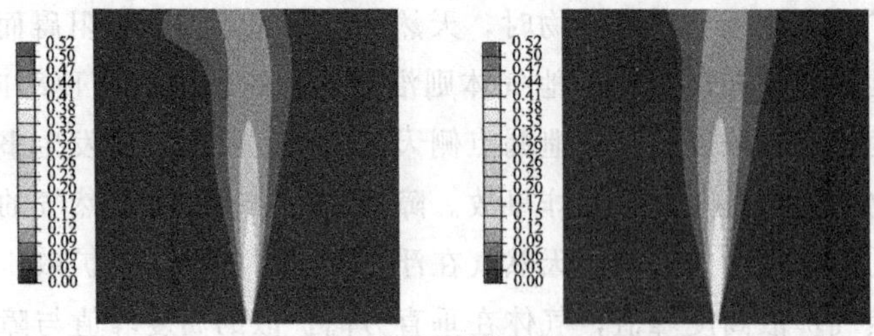

（c）云团混合扩散阶段

图 7－4　无障碍管道泄漏气体扩散过程（续）

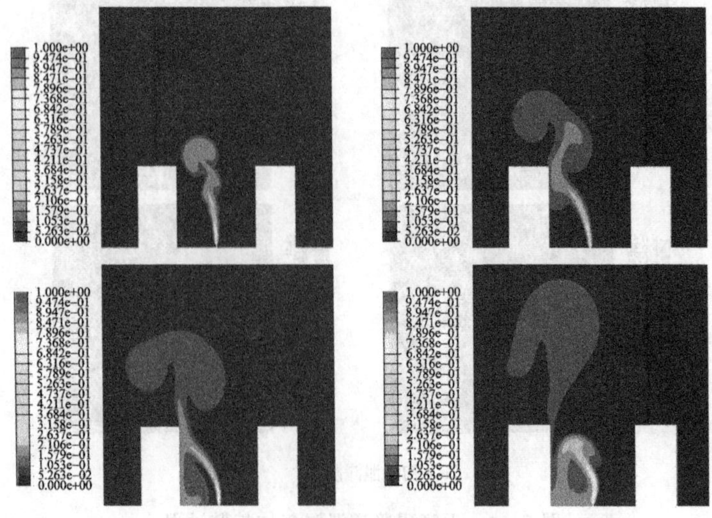

（a）初始泄漏阶段

图 7－5　障碍物高度为 10m 的管道泄漏气体扩散过程

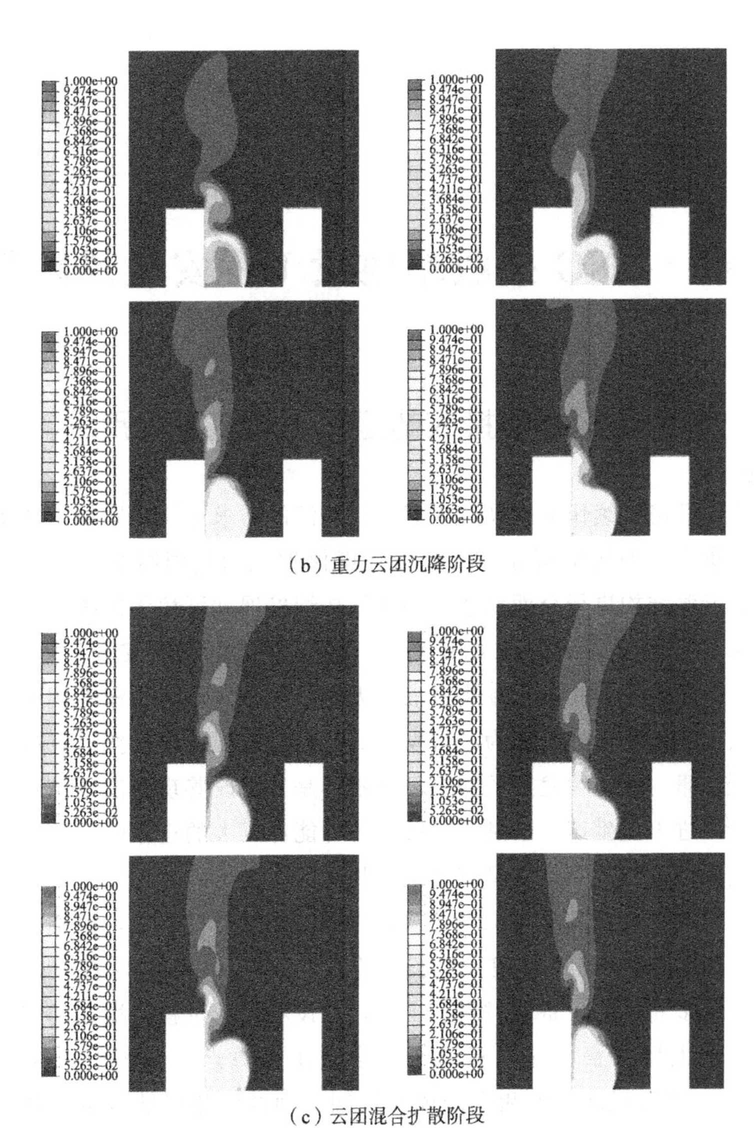

（b）重力云团沉降阶段

（c）云团混合扩散阶段

图 7－5　障碍物高度为 10m 的管道泄漏气体扩散过程（续）

第8章 LNG接收站建设工程安全风险管理

8.1 LNG接收站建设工程风险类别

随着我国经济持续快速发展，人们对新能源的需求进一步增加，环境保护问题日益得到重视，如何平衡经济发展与环境保护成为我国结构性改革的一大重点。对现有能源结构进行全面调整，寻找可持续发展并可替代传统能源的清洁能源成为未来我国经济发展的重大突破点。LNG因其绿色、安全、环保、优质、高效等特点备受关注，我国也逐步将液化天然气产品能源结构深度调整优化作为战略切入点，将液化天然气作为经济发展的战略性能源重要支撑点，以适应国民经济快速、健康、可持续发展的需要。这不单是为了改善现有能源结构，提高能源利用率，促进工业生产，也是为了缓解各种能源巨大的运输配送压力，对我国实施可持续发展总体战略规划具有重大、长远的意义。

我国液化天然气产品日益深入普及，取得的成效有目共睹，但相对于发达国家来说，我国LNG项目实际建设经验还不足。这是因为LNG接收站相关设施等建设涉及较多先进的设备、材料、工艺，建设和运行过程中潜在的安全风险较高，所以一些大型项目的建设运营一般会交由外方运营商托管，导致我国在LNG建设项目安全风险管理和安全风险控制方面的实施经验较少。虽然我国在技术等方面正在逐渐赶超，但在施工能力、风险管控等方面与国外成熟的LNG接收站建设和运营商相比依然存在不小的差距。另外，国内还缺乏LNG接收站建设项目的技术研发、实施、后期保养和维护管理等经验，使得后期的技术实施存在诸多未知风险。例如，在建设过程中地震、火灾、冰雹等会对工程项目造成难以估计的伤害，管理制度的不完善与安全意识淡薄会造成人为的安全问题。为确保我国LNG接收站建设安全、稳定、可靠，有必要分析当前实际工作中存在的主要问题，建立全面性、保障性、科学性统一的安全管理制度，确保系统风险的识别、分析及评价准确、客观、科学，从而以最小的成本获取最大的管理效益。LNG接收站建设工程常见的风险类别如图8-1所示。

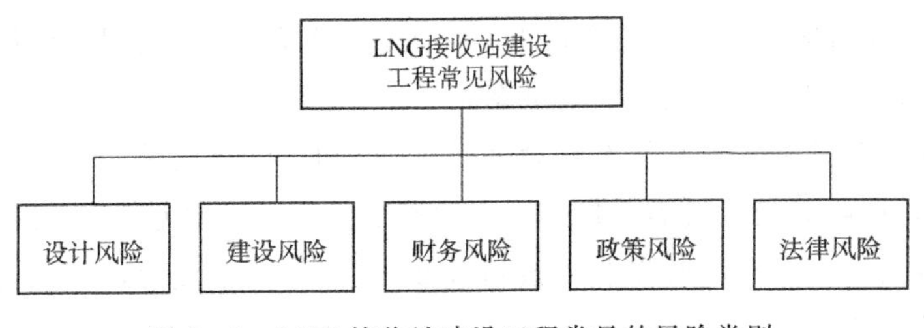

图 8-1　LNG 接收站建设工程常见的风险类别

1. 设计风险

在整个建设过程中，各个流程设计方案的制订对未来 LNG 接收站的运营具有重要意义，是 LNG 接收站建设的前提与基础。LNG 接收站具有多个流程，包括卸车流程、加气和预冷流程、自动调饱和流程、泄压流程等，不同流程有不同的设计、建设要求，如何既能提高接收站的生产、运营效率，又能减少因为设计产生的生产问题，是 LNG 设计中需要重点考虑的问题。

2. 建设风险

(1) 建设环境恶劣

液化天然气属于易燃易爆的危险化学品，建设、运营期间的意外情况可能引起爆炸事故，引发人员的安全健康问题，导致重大经济损失，或对周围环境带来灾难性影响，所以接收站一般选址于比较偏僻、对可扩散爆炸性污染气体有天然屏蔽和防护功能的临海山区，另外还需要考虑项目所在地的工作用电和水路交通是否便利，环境状况是否复杂，工作人员的正常生活条件能否得到保障。接收站的运营需要大量海水，导致作业面狭窄，作业可用机具数量较少，作业条件极易受台风、风暴潮、涌浪等影响，因此恶劣的环境是 LNG 接收站建设安全风险的一大来源。

(2) 工艺、工程技术更新快

LNG 接收站的设备、装备涉及较多先进的新技术、新材料、新工艺，尤其是 LNG 接收站项目的整体技术方案及建设实施过程经常需要运用国内一些行业中还没有实际推广的新技术、新材料等，甚至有些新工艺技术在我国还处于摸索与发展阶段，工艺、技术更新快，对我国 LNG 接收站领域的研究提高更高要求，对新技术、新工艺的掌握成为风险管理管控的一个重点方向。国外新技术、新工艺的引进让我们可以在借鉴经验的基础上形成自己成熟、先进的工艺工程技术。国家也投入了大量资源，培养优秀人才，使我国在相关领域的研究不断更新，使

LNG 接收站项目能够更好地适应技术、工艺、材料的快速更新与应用。

（3）建设周期长，作业人员数量庞大

从场地准备到主体工程基本建设完成，一项 LNG 接收站工程总体建设周期为 4～6 年，接收站的建设需要投入巨大的资金、人力、物力。以珠海 LNG 接收站一期项目为例，单日同时作业人数超过 2000 人，且多集中在钢筋混凝土结构及钢结构施工部位。

（4）高处作业量大

国家标准《高处作业分级》GB/T 3608－2008 规定："凡在坠落高度基准面 2m 以上（含 2m）有可能坠落的高处进行作业，都称为高处作业。"高处作业的级别有四个：高处作业高度在 2～5m 时称为一级高处作业，高处作业高度在 5m 以上至 15m 时称为二级高处作业，高处作业高度在 15m 以上至 30m 时称为三级高处作业，高处作业高度在 30m 以上时称为特级高处作业。液化天然气接收站通常存在相对密集的特级高处作业。例如，储罐外罐由钢筋混凝土直接浇筑而成，外罐模板的安装、钢筋笼的安装、混凝土的浇筑、内罐板的焊接、穹顶的提升等都属于特级高处作业；接收站工艺区管廊框架的整体架设、安装也都是特级高处。由于在储罐建造和接收站建设施工中，实体结构部分可利用的空间相对较少，人员站在高处作业的平台往往非常狭小，所以工人的安全问题也是 LNG 接收站建设中常出现的问题。

3. 财务风险

在 LNG 项目开发建设及施工收尾的整个过程中，资金能不能全部按时发放到位是企业最关注的问题，也是整个工程投资中最重要的部分。由于大型 LNG 项目的建设需要的投资数额较大，建设周期较长，还需要考虑汇率波动、关税、通货膨胀及能源、原材料进口的市场价格等。在工程建设过程中，要加强对财务的监控，进行有效的财务管理，灵活使用各种金融手段规避风险并准备充足的备用资金。

4. 政策风险

LNG 项目通常主要由国家、地方政府及社会力量共同出资建设，有些地区可能还会有外资以技术引进等方式参与，因此对于政策风险也应该考虑在内。例如，有些地方的地缘政治导致对一些 LNG 项目的国家财政投资不能保证及时、足额落实或到位。LNG 的建设与投资还需要考虑到地方政府部门能够给予的政策支持。例如，在工程项目实施过程中必须进行必要的行政审批程序，有些项目

虽然也是政府部门计划内的，但是临时计划的，审批涉及的行政部门比较多，若某些部门办事效率不高，会使整个 LNG 项目的工期受到影响，直接给项目造成经济损失。在 LNG 项目及后续各项建设计划设计施工或建设投产过程中，如果突然发生重大安全事故，或出现了一些比较重大或影响广泛的安全事故时，可能会促使国家相关部门对 LNG 项目的管理和环境保护相关的法律法规及政策作出调整。国家法律法规、政策等的变动会带来各类潜在的政策风险，需采取积极的措施规避、转移、降低风险。

5. 法律风险

在 LNG 接收站建设工程中会签订合同，签订合同的双方对于合同某些条款的理解可能存在偏差，从而可能产生工程纠纷。如果不能尽快妥善地处理纠纷，无疑对后续工程项目的有序进行不利。例如，当乙方的工程负责人因为自身能力等原因不能保证及时、充分履行工程合约中的全部义务，又没有能够基于工程合同的约定赔偿甲方，法院会要求违约方进行民事赔偿，此时法院的执行力度也需要纳入考虑。

除以上风险外还有产业链风险、产业替代风险等其他风险。

8.2 LNG 接收站建设工程安全风险的控制和应对

8.2.1 风险产生的原因

根据事故致因理论，导致事故发生的主要因素通常有人、机、物、法、钱等，重点在人、物、管理制度方面。

1. 由人引起的安全风险问题

据统计，我国重大安全生产事故中有不少是由人的不恰当的操作行为直接或间接引发的。导致不安全行为的原因有多种，大概分为如下几个方面：①安全意识不强；②操作指引不清晰；③人员流动频繁；④能力不足；⑤冒险作业和违章作业。

一些作业人员安全意识不高。施工过程中部分作业人员为省事、方便，或为节省成本，或为节省作业时间，在明知不符合管理规程、制度的情况下冒险、违章、超负荷作业，从而导致事故的发生。

2. 由物引起的安全风险问题

物包括设备、设施、材料、生产对象和其他生产要素等，由物引发事故的状态称为物的不安全状态。在生产建设过程中，物的不安全状态经常发生。事实上，所有物的不安全状态几乎都与人的不安全行为或人的操作、环境因素和管理上的失误有关联。通常情况下，物的不安全状态是能量的载体，是事故发生的直接原因。正确判断物的不安全状态，控制其发展，对预防和消除事故有着重大的意义。

3. 管理制度不完善引起的安全风险问题

人的不安全行为、物的不安全状态通常是导致安全生产事故的直接原因，但往往不是主要原因。隐患虽然都在现场，但是其根源不都在现场，管理上的各种缺陷往往才是引发事故的主要原因。管理环节的严重缺陷是诱发严重危害事故的深层次因素。在LNG接收站建设过程中，管理上的各种缺陷普遍存在，通常有：①一些领导不够重视安全问题；②安全管理组织机构未建立健全；③安全生产责任制不健全；④专职安全管理人员配备不足；⑤安全投入不足。

8.2.2 风险控制

根据国内目前LNG接收站建设项目中的主要风险，对每个项目的建设采用区分不同实施阶段、不同项目类别的风险识别控制技术和管理措施。在整个项目稳步、快速推进过程中，对工程项目每个阶段存在的风险点要全面地剖析识别与分析把控，做到风险的及时识别与预防控制，并制订相应的防控措施。在项目日常管理中对于风险的管控包括：

1）设立整体目标，明确制订对应策略。

2）成立专门的风险管控部门，确定相应岗位职能与责任。

3）严格控制各个阶段的进度，对工程下一关键阶段的风险进行整体把控。

4）建立切实有效与可行的风险防范管控技术体系。

8.2.3 项目各阶段风险应对策略

（1）前期阶段

选择项目建设用地时需要充分做好考察评估与分析，包括项目的地理位置、周边环境状况、地方政策、市场反应、当地类似项目的投资运营状况及其他容易带来法律风险的外部因素，并形成比较详细、可靠的投资考察评估报告。在进行

用地合同内容谈判时，对于因项目技术期限或者项目工期变更等导致无法实现抵押权的约定，要提前协商，解释、落实清楚，避免业主因此违约承担法律责任，从源头上切实控制合同风险。

（2）实施阶段

在整个项目周期中，风险一直存在，包括进度风险、质量安全风险等，直到项目完成后进度风险控制才结束。因此，在项目实施、竣工验收、调试阶段也要对安全风险进行控制。对于项目实施阶段存在的各种风险要做好防范，将风险尽量减小或控制在一定范围内。

（3）后期运营阶段

LNG项目的风险主要集中在运营期间，因此风险管控的重点应放在这一阶段，保证项目长久稳定运行。LNG项目运营中的风险点主要包括LNG介质、天然气供需、运营设备、运营过程等。针对运营中的各种风险，将其总结分类后制订风险规避与应对措施。

8.2.4 宏观风险的分析及应对

宏观风险应对预案是指组织评估风险的危害程度，分析测算风险发生的概率及损失，并在此基础上根据风险的性质、规律和特点制定的一系列防范计划。

（1）风险规避

风险规避是人们在事先考虑到某一生产活动存在较大风险的情况下，采取主动放弃或积极改变的措施，以避免产生相关风险及损害的策略。将风险因素尽量消除在风险事件发生之前是最彻底、高效的风险控制策略。

当项目风险及其潜在损失发生的可能性已极大，并最终带来一系列严重经济后果，且这种损失无法立即转移又暂时不能立即承受时，风险分散规避策略是一种有效、安全的风险管理方式。可通过修改项目目标、项目范围等方式分步实施。具体方法有以下两种：

1）放弃或终止某一项风险活动的实施，即在不具备足够的风险承受能力的情况下拒绝转移风险资产。

2）改变当前生产活动中的风险，即在能够承担较大风险的前提下通过诸如改变目前的工作场所、工艺流程等途径避免实际生产活动或环境中过去所必须承担的特定风险，即通过改变生产要素改变特定风险。

（2）风险转移

风险转移是指通过合同或非合同的方式将风险转嫁给另一个人或另一个单位的一种风险处理方式。风险转移是对风险造成的损失的承担者的转移，在国际货物买卖中具体是指原由卖方承担的风险在某个时间改由买方承担。在当事人没有约定的情况下，风险转移的主要问题是风险在何时由卖方转移至买方。

当前项目建设过程中常用的有效防范风险的措施有工程保险、工程专业外包。

(3) 风险降低

风险降低是指企业在全面权衡各种成本效益关系之后，采取适当、合理的措施降低风险水平或者设法减少投资损失，将潜在风险控制在可以承受的范围内的经济策略。

(4) 风险接受

风险接受策略是对应当由企业或法人主动承担财务风险后所致的资产损失采取间接的财务风险补偿管理措施。其实质是将企业必须承担的债务风险及生产经营活动中各种不可预知的财务风险承担下来，并及时采取适当的技术措施妥善控制，以逐步降低风险程度或减少不利影响。企业财务人员可在财务风险敏感性分析的基础上确定影响财务风险敏感程度的若干关键参数并适时加以动态控制，降低风险程度或减少不利影响发生的机会，使财务活动始终朝着有利于企业经营的方向发展。

风险的接受主要分为两种情况：一种是认为企业接受风险导致的结果在企业允许承受的风险范围之内，企业无须对此风险采取任何额外的控制措施；另一种是认为当前企业除了接受风险没有其他更好的方法或措施控制、转移风险，而不得不面对和承担风险。当企业面临某种需要有效控制又无法大幅降低成本的可接受的风险时，通常可采取制订应急计划、预案等方法降低这类风险可能造成的潜在损失和直接损失。

参 考 文 献

[1] 黄冉. 中国天然气及LNG产业的发展现状及展望 [J]. 国际援助，2022 (30)：124-126.

[2] 高振宇，高鹏，刘倩，等. 中国LNG产业现状分析及发展建议 [J]. 天然气技术与经济，2019，13 (6)：14-19.

[3] 郭旭，罗晓钟，王荣华，等. 国内LNG运输技术与设备的发展现状 [J]. 低温与特气，2016，34 (2)：11-14.

[4] 陆争光，高振宇，皮礼仕，等. 中国LNG产业发展现状、问题及对策建议 [J]. 天然气技术与经济，2016，10 (5)：1-4，81.

[5] 杨义，李琳娜，黄苏琦，等. LNG点供行业现状及前景展望 [J]. 天然气工业，2017，37 (9)：127-134.

[6] 吴燕博. LNG调峰站的利用现状及前景 [J]. 福建质量管理，2018 (16)：251.

[7] 王乐乐，李莉，张斌，等. 中国油气储运技术现状及发展趋势 [J]. 油气储运，2021，40 (9)：961-972.

[8] 薛姣龙. LNG长输管道输送技术探究 [J]. 化工管理，2015 (21)：201.

[9] 华创，张帆，胡洪兵，等. LNG储存技术研究现状 [J]. 当代化工，2016，45 (6)：1267-1269，1272.

[10] 吴迪. 液化天然气国际贸易现状及发展新格局 [J]. 中国化工贸易（上旬刊），2020 (4)：1-2.

[11] 陈威威. 基于ANSYS大型LNG储罐静力场和温度场模拟研究 [D]. 青岛：青岛科技大学，2019.

[12] 苏娟，刘玉玺，荆潇，等. 冲击荷载作用下LNG混凝土储罐力学性能分析 [J]. 中国造船，2012 (202)：241-248.

[13] 谢剑，金建邦. LNG储罐泄漏工况混凝土外罐温度场试验研究 [J]. 特种结构，2018，35 (2)：94-98.

[14] 魏新. 16万方LNG储罐应力场与温度场耦合响应分析 [D]. 哈尔滨：哈尔滨工程大学，2016.

[15] 张宁，王柏超，李栋，等. LNG储罐泄漏过程外罐壁传热特性研究 [J]. 当代化工，2018，47 (12)：2598-2603，2607.

[16] 夏明. 双金属全容式LNG储罐罐壁温度场分析 [D]. 北京：中国石油大学（北京），2018.

[17] LAHLOU DAHMANI, RACHID MEHADDENE. Thermomecanical response of LNG concrete tank to cryogenic temperatures [J]. Defect and Diffusion Forum, 2011, 312-315 (2): 1021-1026.

[18] SHESTAKOV I A, DOLGOVA A A, MAKSIMOV V I. Mathematical simulation of convective heat transfer in the low-temperature storage of liquefied natural gas [J]. MATEC Web of Conferences, 2015 (37): 01050.

[19] ZAINAL ZAKARIA, MAHER SALEH OMAR BASLASL, ARIFFIN SAMSURI, et al. Rollover phenomenon in liquefied natural gas storage tank [J]. Journal of Failure Analysis and Prevention, 2019, 19 (5): 1439-1447.

[20] G W HOUSNER. Dynamic pressures on accelerated fluid containers [J]. Bulletin of the Seismological Society of America, 1957, 48 (1): 15-35.

[21] ANESTIS S VELETSOS, ADEL H YOUNAN. Closure to "dynamic modeling and response of soil-wall systems" by Anestis S. Veletsos and Adel H. Younan [J]. Journal of Geotechnical and Geoenvironmental Engineering, 1996, 122 (7): 603-605.

[22] M A HAROUN, G W HOUSNER. Seismic design of liquid storage tanks [J]. Tech Councils ASCE, 2017, 107 (1): 191-207.

[23] MOON KYUM KIM, YUN MOOK LIM, SEONG YONG CHO, et al. Seismic analysis of base-isolated liquid storage tanks using the BE-FE-BE coupling technique [J]. Soil Dynamics and Earthquake Engineering, 2002, 22 (9-12): 1151-1158.

[24] PENG YUN, ZHAO XINZHE, ZUO TIANLI, et al. A systematic literature review on port LNG bunkering station [J]. Transportation Research: Part D, 2021, 91 (1): 102704.

[25] 严辰，翟希梅，王永辉. 冲击荷载下大型LNG储罐混凝土外罐的数值模拟 [J]. 哈尔滨工程大学学报，2018，39 (9)：1517-1525.

[26] 周利剑，黄兢，王向英，等. 内罐泄漏条件下LNG储罐外罐地震响应分析 [J]. 压力容器，2012 (1)：16-20.

[27] 管友海，贾娟娟，林楠，等. 大型LNG储罐液固耦合模态分析 [J]. 当代化工，2015，44 (1)：148-150，154.

[28] 刘旭红. 隧道内LNG管道工艺危险性分析及控制措施 [J]. 石油化工设计，2018，35 (1)：46-49，7.

[29] 孙鑫. LNG接收站储罐和工艺管道的可靠性研究 [D]. 北京：中国石油大学（北京），2018.

[30] 张中耀，张源麟，王莹钊，等. 大型LNG项目高压厚壁不锈钢管道焊接 [J]. 机械制造文摘（焊接分册），2022 (3)：44-48.

[31] 陈建设. LNG接收站GRE玻璃钢管道施工应用 [J]. 建筑工程技术与设计，2021 (23)：923.

[32] 仇德朋. LNG管道穿越的隧道工艺安全分析 [J]. 天然气工业，2017，37（3）：111-115.
[33] 何宝. LNG接收站工艺管道吹扫策略分析 [J]. 石化技术，2022，29（1）：135-137.
[34] 王晓宁，申云青. 某LNG接收站工艺管道干燥施工质量控制 [J]. 石油化工建设，2022，44（2）：90-92.
[35] 陈桃强，皇甫立霞，高一峰，等. LNG卸料管道预冷工艺仿真优化 [J]. 中国石油和化工标准与质量，2019，39（11）：235-236，239.
[36] 韦振兴，龚翔. LNG行业发展现状分析与对策建议 [J]. 中国石油和化工标准与质量，2022，42（12）：136-138.
[37] 周守为，朱军龙，单彤文，等. 中国天然气及LNG产业的发展现状及展望 [J]. 中国海上油气，2022，34（1）：1-8.
[38] 孟庆祥. LNG接收站计量外输管道设计 [J]. 山东化工，2022，51（4）：181-183.
[39] 张松，杨宏伟，付勇. LNG长距离输送管道制约因素及建议 [J]. 石化技术，2020，27（5）：86-87.
[40] 金齐杰，李辉，寇志军. LNG长输管道设计与计算影响因素分析 [J]. 内蒙古石油化工，2020，46（2）：67-68.
[41] 高振宇，高鹏，刘倩，等. 中国LNG产业现状分析及发展建议 [J]. 天然气技术与经济，2019，13（6）：14-19.
[42] 王杨. LNG气化站设计优化及相关问题的研究 [D]. 北京：北京建筑大学，2018.
[43] 范维澄，孙金华，陆守香，等. 火灾风险评估方法学 [M]. 北京：科学出版社，2004.
[44] 吴宗之，高进东，魏利军. 危险评价方法及其应用 [M]. 北京：冶金工业出版社，2001.
[45] SUARDIN JAFFEE A，MCPHATE A JEFF，SIPKEMA ANTHONY，et al. Fire and explosion assessment on oil and gas floating production storage offloading (FPSO)：an effective screening and comparison tool [J]. Process Safety and Environmental Protection，2009，87（3）：147-160.
[46] 王春凤. 天津LNG站外输管道风险分析及管控措施 [D]. 青岛：中国石油大学（华东），2019.
[47] 刘喜轲. 1000立方米LNG储罐结构及工艺设计研究 [D]. 哈尔滨：哈尔滨商业大学，2019.
[48] 袁中立，闫伦江. LNG低温储罐的设计及建造技术 [J]. 石油工程建设，2007，33（5）：19-22.
[49] 张洪林，李庆，等. 大型LNG储罐设计及建造技术 [J]. 石油规划设计，2012（3）：33-35.
[50] 陈国邦. 大型双壁平底LNG贮槽的设计问题 [J]. 低温与特气，1994（1）：22-32.
[51] KHANAL B，KNOWLES K，SADDINGTON A J. Computational investigation of cavity flow control using a passive device [J]. Aeronautical Journal，2012（116）：153-174.
[52] GREINER R，DERLER P. Effect of imperfections on wind-loaded cylindrical shell [J]. Thin-Walled Structure，1995，23（1）：271-281.

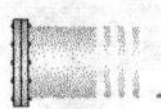

[53] PRICHER M. Medium-length thin-walled cylinder under wind loading-case study [J]. Journal of Structure Engineering, 2004, 130 (12): 2062-2069.

[54] 杨克瑞，尹清党. LNG接收站的风险与预防措施 [J]. 油气储运，2011，30 (8)：675-676.

[55] 中石油大连液化天然气有限公司. 大连 LNG 项目建设管理实践 [M]. 北京：石油工业出版社，2011.